高EQ小學霸的卓越學習法

啟蒙4~7歲孩子黃金成長期的75種實踐法

李林淑 이임숙——著
胡椒筒——譯

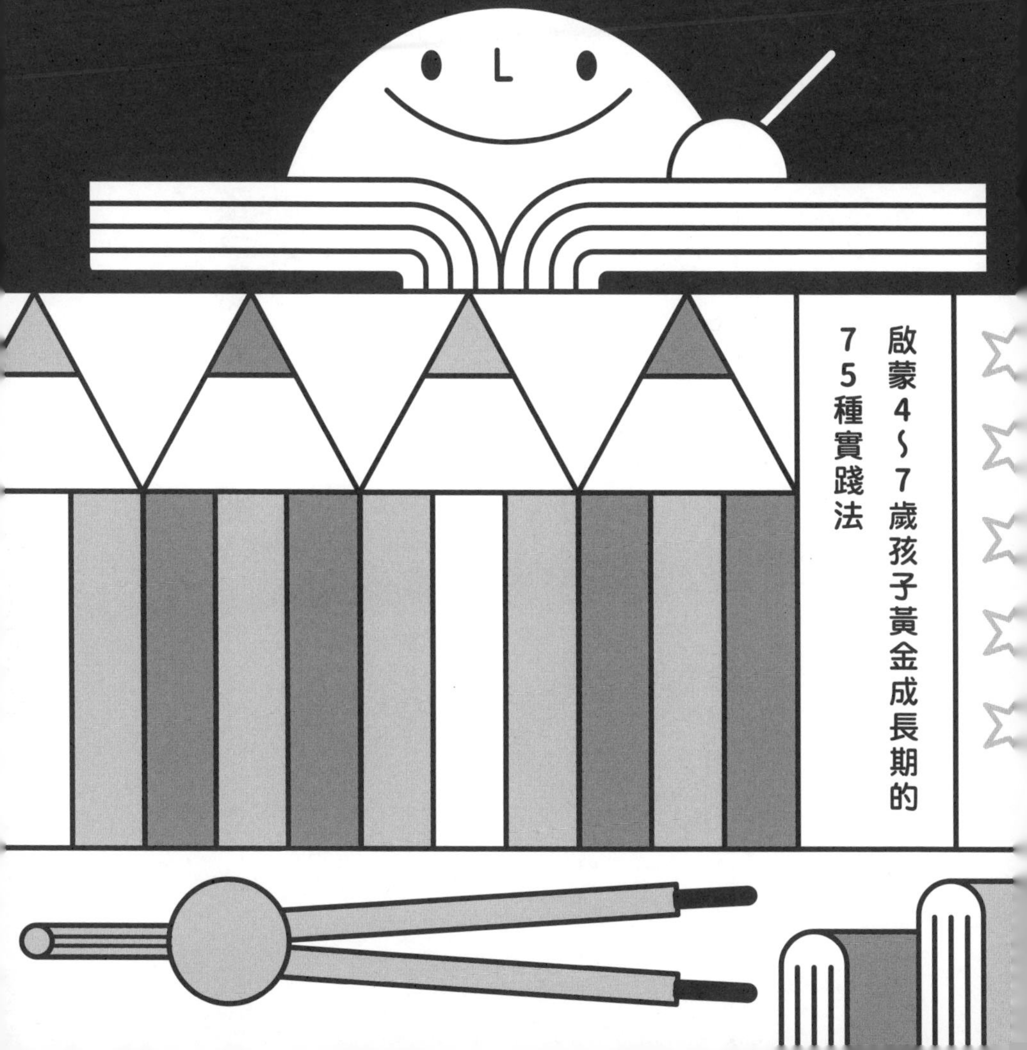

序言 如果可以重返孩子的4至7歲

「5歲時，我在媽媽的毒打下學習寫字。」

10歲的孩子淚眼汪汪地說。我彷彿看到粗暴的母親，一邊斥責孩子，一邊教孩子寫字的畫面。若在年幼時擁有如此痛苦的記憶，可想而知孩子長大以後的學校生活和學業會遇到多大的困難。但這位母親真的是因為學寫字而虐待孩子嗎？難道孩子的記憶沒有被過度放大、扭曲嗎？這一點也需要確認。

「剛開始教孩子學習的時候，似乎特別辛苦。請問，您有體罰過孩子嗎？」

聽到我的發問，這位母親長嘆一口氣說：

「不管我怎麼教，他就是記不住，所以一氣之下打了他的手背。他還記得這件事？」

這位母親解釋，只是輕輕地打了孩子的手背，但孩子卻說遭到母親毒打。兩個人之中，是誰在說謊呢？兩個人都沒有說謊。但是為什麼記憶會有這麼大的落差呢？孩子因為痛苦和害怕，所以即使母親只是輕輕地打了手背，也會在內心留下彷彿全身慘遭毒打的記憶。隨著時間的流逝，孩子將這種記憶當作事實儲存在心裡，其實，孩子不是沒有學習。六歲時，孩子學會了寫簡單的字，數學也很好。可是這樣的孩子卻把學習當成沉重的負擔，三年級時，甚至還在日記中寫道「我真是一個笨蛋，還不如死掉算了。」

不只一個孩子這樣。25年前，我開始學習兒童心理學時，了解到韓國的孩子存在的情緒問題，70％以上來自課業。但現在，在我投身於第一線的兒童和青少年心理諮商以後，更加切身地感受到這個問題的嚴重性。雖然最初以為孩子的問題是來自於親子依附與同儕之間的人際關係，但在發現最終還是歸結於學業成績時，不禁教人覺得十分惋惜。因此，有個想法始終在我的腦海中揮之不去：如果可以重返孩子的4至7歲，從頭來培養孩子的情緒和認知發展，就能夠好好培養孩子穩固的學習能力。

所謂的學習能力，不只是學習的能力，也包括求知心切、勤學好問的積極情緒；對於能夠完成課業的自信心；即使遇到困難，也能克服並完成目標的成熟心態。我要強調的正是這種結合了認知能力與非認知能力的「學習力量」。培養孩子的學習能力，「沒有比4至7歲更重要的時期」。4至7歲是孩子的顳葉和額葉發育的最佳時期，該時期不僅對語言的發展有很重要的影響，同時也會影響到綜合思考能力、品行和道德。換言之，4至7歲可以說是培養孩子一生的學習能力，也是情緒和認知發展的決定性時期。

沒有人希望孩子在成長的過程中，因學業而受挫、受傷。但當孩子正式入學以後，很多時候還是會出現惡性的循環。身為父母都會希望孩子對學習產生興趣，培養孩子擁有健康的學習情緒、自信心、成熟的學習態度和實力。但在現實生活中，很多父母僅以二分法的思考方式看待遊戲和學習，並強迫孩子做出二選一的決定。當我看到4至7歲的孩子既不能痛快地玩遊戲，也沒有養成學習能力時，就告訴自己這本書不能再推遲了。

其實，培養孩子的情緒和認知發展有很簡單、有趣又有效的方法。透過閱讀可以培養背景知識，透過各種體驗可以掌握默會知識，透過找物、聽說和記憶遊戲可以培養注意力，以及需要忍耐和毅力的自我調節力。「知識、注意力和自我調節力」正是培養孩子正面的學習情緒和紮實的學習能力的魔法鑰匙。之所以把這三點稱為魔法鑰匙，是因為最初看不到三種能力帶來的變化，但隨著孩子漸漸長大，三種能力就會發揮出神奇的效果。

我有兩個相差一歲的孩子，在他們4至7歲時，為了守護他們的笑容，我秉持玩樂與學習不分家的信念，努力培養他們握緊這三個魔法鑰匙。值得感激的是，隨著孩子漸漸長大，在他們的成長過程中，我持續見證這三種能力的力量。我擔心或許這是太過個人的主觀判斷，所以邀請兩個孩子為這本書寫推薦序。我很想知道他們如何記憶小時候的學習與玩樂，以及對自己手持三個魔法鑰匙的看法。在此之前，兩個孩子都不希望我在講課或書中提及他們的故事，但這次卻欣然地同意寫了推薦序。在此真心感謝我的兩個孩子，以及當年陪孩子到山間、田野裡捉蝴蝶，玩遊戲的丈夫。

我希望從三十多年的母職，以及二十年來治癒內心受傷的孩子所獲得的領悟和經驗中，可以像永不熄滅的火花一樣，成為培養4至7歲孩子情緒和認知發展的指引。

二〇二三年　李林淑

推薦序一

律師女兒的故事

每次搭新農村號列車去外婆家時，媽媽、弟弟和我就會望著車窗，玩「說出窗外事物名字的遊戲」。這個遊戲的規則是，不能重複別人說過的，所以我在當時就知道耕地的「黃牛」與擠出牛奶的「奶牛」的差異，也很努力記下了像是「石板瓦屋頂」、「磚瓦屋頂」和「草屋屋頂」等各種各樣的詞彙。

小時候沒有意識到那是在學習數學，因為媽媽沒有讓我和弟弟做數學題，而是陪我們玩起了數字遊戲。我們玩猜拳數數，還會用幾個骰子玩湊整數的遊戲。

唸國小時，我在學校經常聽到朋友們聊起補習班的事，莫名產生了疏離感，於是也想跟她們一起去補習班。我纏著媽媽說也想去補習班，但等到真的去了以後，卻因為無法適應，很快就放棄了。在補習班，我難以忍受長時間地坐在教室裡。也因為沒有接受過所謂的「學前教育」，所以入學後，我的成績也很不盡人意。剛上國小時，聽寫國歌，滿分一百分，我只得了二十分。放學以後，還要跪在教室前面抄寫二十遍國歌歌詞。升入國中後的第一次期中考，我也是好朋友中成績最差的。

但看到我的成績，媽媽卻不以為然地說：「這都是情有可原的」、「妳的心情如何？」、「接下來打算怎麼做？」面對如此慘淡的成績，怒不可遏的我這才提出要求：「我覺得應該多做一些練習題，您給我買幾本書吧？」媽媽二話不說，去書店買了幾本回來。

之後，我以全班第一名的成績從國中和高中畢業，考入了人人嚮往的大學，現在從事自己滿意的工作，開心地生活著。雖然開始總是不見起色，但總是能獲得滿意的過程和結果，我覺得這多虧了媽媽的幫助。

這本書收錄了媽媽從教育我和弟弟，以及透過諮商治癒的孩子中，領悟到的訣竅。書中的方法比想像中還要簡單，也很容易套用。最重要的是，以遊戲進行的認知訓練，可以避免強迫孩子坐在書桌前做練習題、去討厭的補習班時產生的摩擦問題。等我的孩子到了4歲時，會再次重溫這本書。媽媽，我的孩子也要請您多多關照了。哈哈。

尊敬您的女兒（32歲，律師）

推薦序二 研究員兒子的故事

小時候，我總是穿反左右腳的拖鞋，把「餓」唸成「鵝」，同齡孩子學ABC時，我還在學寫自己的名字。我是一個慢人一步，不，應該是慢人三步的小孩。不過沒關係，我反而很享受這一切，也很喜歡這樣的自己。因為對我來說等於是全世界的父母，總是會用燦爛的笑容看著這樣的我。

看到我反穿拖鞋，父母會說，你真是一個帥小孩。聽到我把「餓」唸成「鵝」，會說我的發音很有趣。看到我還在學寫名字，會說我是更喜歡數字的小孩。也許就是從那時候開始，我有了即使比別人慢，但總有一天還是會領先的自信。

我們家有很多書。當然，還不識字的我根本無法理解書中的內容，但我認識書中的數字，所以我翻看那些書，看著上面的圖畫和數字來想像內容。等到父母為我讀那本書的時候，聽到與想像完全不同的故事時，我也會很開心。看到開心不已的我，父母的臉上也會露出燦爛的笑容。

我很爭強好勝，小時候經常和社區的哥哥、姐姐們玩遊戲。我連遊戲的基本規則都不懂，所以從來沒贏過，但我並沒有氣餒。

「你做得很棒。怎麼會有這種想法？真了不起。實力越來越好了。你能堅持到底就很棒了。」

每當我快要輸了，或是澈底輸了的時候，就會想起媽媽經常對我說的這句話。之後從某一瞬間開始，我成了哥哥、姐姐們的競爭對手。

去幼稚園時，我最喜歡每天等娃娃車的時候。因為在娃娃車抵達的三十分鐘前，媽媽會帶我在家門口打羽球。打完球去幼稚園，一天的狀態都會非常好。多虧了做運動，我從小體驗到了汗流浹背後的神清氣爽。

在父母眼中，孩子是一顆被祝福的小種子。而對小種子而言，父母就是整個世界。父母的微笑就是照耀種子的太陽，溫柔的話語就是拂過種子的暖風。這本書要推薦給希望小種子茁壯成長，創造另一個世界的父母們。藉此機會，也要感謝總是在我疲憊不堪時，創造了我隨時可以返回的世界的爸爸和媽媽。

尊敬您的兒子（31歲，英才教育院研究員）

目錄

CONTENTS

Part 2

孩子成長的魔法鑰匙 I. 知識

STEP 3

Part 3

孩子成長的魔法鑰匙 II. 注意力

STEP 1

STEP 2

Part 4 孩子成長的魔法鑰匙 III. 自我調節力

Part 5

4至7歲的孩子，現在開始學習

Part 1

為什麼4至7歲是孩子發育的決定性時期？

4至7歲孩子的父母最大的苦惱

今天，父母也很混亂

「哎唷！人家的孩子已經識字了？我們家的孩子還什麼都不會呢。」

現在4至5歲的孩子就已經識字、會算加減法，還能用英語進行簡單的對話。後來得知，這些孩子的父母不僅給孩子購買昂貴的教學用具，還專門請老師到府教孩子識字和數學、培養孩子的創意性，甚至把孩子送到英語幼稚園。難道只有我沒有在管孩子，這樣下去孩子會落後別人吧？想到這裡，我的心咯噔一下，越來越焦慮不安了。

「現在是不是該教孩子學習了？到底該學什麼呢？怎麼做才好呢？」

雖然父母在心裡這樣想，但另一方面又會很謹慎。為人父母，都覺得只要能讓可愛的孩子盡情地玩耍、健康地成長便別無他求了。孩子還小，應該讓他們無憂無慮地玩個痛快，要教那麼小的孩子學習，父母心裡也會過意不去。因為在孩子出生以前，父母都會下決心不想孩子為了學業苦惱，所以才會猶豫不決，懷疑是不是自己太過貪心了。那到底該怎麼做才是正確的方法呢？

若希望養育好4至7歲的孩子，尋找智慧的答案，最好先設定一個標準：均衡發展情緒和認知。此外，還需評估自己提供的教育是否適合孩子。雖然這聽起來很像課本裡的話，但情緒和認知均衡發展極為重要。絕不能忽視可以讓孩子形成穩定情緒和培養認知的能力。

我們來思考一下：4歲的孩子能夠輕鬆地做數學題，喜歡看書，英語也很好。但這個孩子卻獨斷專行，稍有不滿意的事情就會大喊大叫，亂摔東西，難以與小朋友相處，還會做出一些無理、搶奪的舉動。我們可以說這個孩子成長得很好嗎？反過來看，7歲的孩子又開朗又有禮貌，與小朋友能夠和睦相處，還很會照顧他人。但這個孩子到現在還不識字，閱讀量也很少，而且別人都知道的知識，他卻一無所知，這樣的孩子也同樣令人擔憂。

父母察覺到這種失衡時，就會產生混亂，聽到周圍人指出孩子不足之處時，心裡也會很不是滋味。從這時起，父母的內心也會失去平衡，開始偏向於一邊。有的父母為了迎合周遭的氣氛，培養出聰明上進的孩子，開始對孩子進行英語、國語和數學等的認知教育。但認為比起學習，開朗、健康、幸福地成長更為重要的父母，則故意讓孩子遠離認知教育。這樣的父母會毫無根據地相信「總有一天，孩子會自己學習的」，進而錯過了孩子最重要的時期。

這種不均衡的教育信念，最終導致孩子的情緒和認知發展不均衡，由此引發出意想不到的問題。我們不應因為競爭而讓孩子學習，而是要認清學習的意義，是在於為了讓孩子形成穩定的情緒和認知能力。如果覺得4至5歲的孩子學習尚早，那麼認為學習十分重要，所以強迫孩子學習的想法就更有必要分析了解。在此，父母有必要先審視一下，自己對學習的既有觀念是否正確。

以穩定的情緒為基礎，應該在4歲左右正式展開學習。這個年齡的孩子渴望探索、了解世界的欲望非常強烈，每當學會一件事時都會興奮不已。可以理解的是，父母會希望在這個時期教孩子識字、數學和幾句簡單的英語。但還需要一個前提條件，那就是不僅要培養孩子情緒上的自信心，還要培養他們對於學習的自信心。讓孩子不但懂得玩也要具備良好的品行和社會性，當然，還要培養學習的能力。

為了培養孩子健康的自信心和有效率的學習能力，最重要的，不是「教孩子什麼」，而是「應該怎麼教孩子」；比起教孩子學習什麼，更重要的是，根據孩子如何接受學習的東西來培養學習的情緒。就算透過學習掌握到再多的知識，但產生厭煩和反抗心理的話，就等於是踏錯了第一步。我想強調的是，形成穩定情緒的同時，喚起孩子的好奇心和熱情也非常重要。

比起學習的內容，學習的情緒更重要

在開始教孩子學習之前，父母需要先確認幾個問題。面對以下問題時，您會如何作答？

- 如果孩子大喊「我不喜歡數數！」，您會對孩子說什麼？
- 「我討厭學寫字！」孩子說完，跑到一旁玩起玩具，您會怎麼教孩子？
- 媽媽教了幾句英文，孩子一邊摀住媽媽的嘴，一邊說「不要講！」給孩子播放英文動畫片，但孩子要聽中文，您會怎麼做？

4至7歲孩子在學習時，一定會遇到以上這些情況。父母覺得孩子還很小，所以會言聽計從，但這種想法是大錯特錯的。尚未形成良好的心理調節能力的孩子，只會按照原始的欲望行動，拒絕沒有意思的、不喜歡的和有難度的事情。心理專家強調，在4至7歲期間，最重要的是在孩子喜歡的前提下，以玩遊戲的方式教他們寫字、英語和數學。但這些專家並沒有明確指出如何讓孩子喜歡學習的方法。幼兒教育專家也只針對課本和教育方法進行說明，並沒有傳授最重要的經驗，就把責任歸咎在父母身上了。

父母在不知該如何應對孩子拒絕學習的情況下，開始教育孩子，才會急於尋找更有意思、更有效率的方案和書籍。上網搜尋資訊、在別人的推薦下購買昂貴的書籍和教具，然後看到孩子不感興趣時，就會更不知所措。這種情況很令人惋惜：錯誤的開始，使得孩子越來越討厭學習；父母則在搞不清楚狀況的情形下固執己見。

這樣一來，孩子會失去未來長達20年堅持學習的力量，這是很不幸的開始。如果您覺得我這樣講過於嚴重的話，那不妨聽聽周圍育有青春期子女的父母的意見。小時候對父母言聽計從、勉強學習的孩子，等到了國小4至5年級進入青春期以後，會對學習產生反抗心理，這樣的例子比比皆是。不學習已經是萬幸了，有的孩子還會拒絕上學，出現憂鬱、攻擊性、做出異常舉動等的情緒問題，甚至還會延伸出各種問題。我們無法保證自己的孩子不會這樣。根據現在的學習方法，最後的結果顯而易見。我們來聽聽經歷過這些問題的國中生父母是怎麼說的吧。

「孩子不喜歡，我做什麼也沒用。我強迫他學習，現在他連話也不跟我講了。」

「我送孩子去補習班，幫他請家教，現在覺得孩子好像什麼都不會自己做了。」

孩子不僅對學習產生反抗心理，甚至失去自信心。除了學習以外，對任何事都缺乏自信，就連與父母的關係也遇到危機。我們都不願去想像自己的孩子在成長的過程中遭遇不幸，所以必須提早預防。若想把孩子培養成能夠發揮良好的品行、優秀的認知能力的人，從現在開始就必須牢記一件事。在孩子的人生中，起步學習的階段，必須喚起他們的好奇心和熱情，只有這樣才能培養孩子堅持不懈的學習態度，持續學習下去。

父母對學習的舊有觀念

為了有效地培養孩子情緒和認知發展，首先要檢查父母對4至7歲孩子學習的認知。閱讀下列問題，請照實在（　）中標示○、×。

（　）學習是指國語、數學和英語等科目。
（　）學習是坐在書桌前做練習題。
（　）學習本來就很難、很累。
（　）即使孩子不喜歡學習，也要強迫孩子學習。
（　）玩遊戲不是學習。
（　）開始學習，就要集中30分鐘以上的注意力。
（　）為了培養學習習慣，即使孩子不願意，也要完成計畫好的內容。
（　）越貴的教具，效果越好。
（　）父母教孩子易動怒，請家教更有效果。
（　）遊戲般的學習，沒有任何幫助。

0至2個〇

非常了解正面有效的學習方法。若積極利用孩子喜歡和擅長的方法，孩子可以很愉快地學習。

3至5個〇

父母擁有正面的學習經驗，正在尋找對孩子有效的學習方法。進一步了解具體的方法，才能夠有效地幫助孩子學習。

6至8個〇

負面的舊有觀念令父母產生混亂。應該放棄已經嘗試過、毫無幫助的方法，努力尋找有效的方法。

9至10個○

對於學習，父母存在很嚴重的負面舊有觀念，可以預想到孩子未來的學習生活將面臨很大的困境。在正式展開對孩子的教育以前，父母有必要做好心理準備，重新認知和學習「遊戲與學習」對4至7歲孩子的意義。

如果父母檢查出自己對學習持有負面的舊有觀念，那從現在開始就請認真思考一下吧！父母堅持以自認為正確的方式教育孩子是非常危險的。開始學習不到一個月，孩子很有可能看到練習簿就跑開。性格溫順的孩子即使不情願，也還是會聽父母的話勉強學習，但這種情況更危險。從很多實例可以看到，孩子沒有動力，只是勉強學習，等到了青春期就會出現憂鬱、無力或做出帶有攻擊性的行為，最後全家都會隨之陷入困境。

我們必須走出學習只局限於國語、數學和英語等科目誤區，並屏棄即使感到辛苦，也要堅持學習的錯誤觀念。請大家記住，負面的舊有觀念只會帶來不幸的學習生活。當然，國小高年級的學習會提升難度，孩子自然會覺得吃力、辛苦。但4至7歲的孩子絕不會這樣，要讓這個年齡段的孩子在潛意識中認為「學習是快樂的」，還要培養他們即使覺得有一點難，但只要堅持到最後，就會獲得成功喜悅的自我調節力。正因為這樣，學習要始於孩子好奇的眼神和充滿熱情的心。唯有這樣，孩子才會更加努力地學習。就算孩子數數很慢，總是唸錯字，但還是可以看到他們快樂的表情，閃爍的眼神，感受到他們快速轉動的小頭腦。

現在就讓我們放下錯誤的舊有觀念，讓孩子可以透過喜歡又有趣的方式來學習。請牢記這個事實：如果學習沒有樂趣，那就毫無用處；同時，一定存在到目前為止您所不知道的學習方法。

4至7歲孩子學習的新標準

- 孩子的學習要有意思。
- 如果孩子不喜歡，就要尋找孩子喜歡的方法。
- 有比課本和練習簿更有效的方法。
- 要學會玩遊戲學習。
- 培養學習的自信心等於是培養學習的動力。
- 勉強學習只會喪失學習的動力。
- 有趣的學習可以更有效地培養學習的能力。
- 要讓孩子享受學習。

為了教育孩子，父母應具備的5種能力

父母教導孩子學習需要很多種能力。不僅僅局限於教孩子學寫字、英語和數學的能力，還需要培養孩子透過各種經驗提升思考的能力。在如同洪水般混亂的資訊中，篩選出有價值的資訊的能力；不受周遭誘惑，堅守信念的能力；在疲憊不堪時，也不給孩子玩手機，或能夠掌控孩子玩手機時間的能力。最重要的是，當孩子哭鬧、耍賴的時候，能夠做到不傷害孩子內心又同時管教孩子的能力。看似需要很多能力，但其實可以整理出5種核心能力。接下來，讓我們來了解一下，父母應該具備的5種能力。

第1種能力，了解4至7歲孩子的大腦發育和情緒發展。為什麼4歲的孩子會大喊「我不要！」，不停地問「為什麼」以及凡事不肯認輸、堅持自我。只有了解這些原因，才能面帶微笑從容應對。

第2種能力，了解孩子的內心。孩子的性格、喜歡什麼、對什麼感興趣、學習時的情緒狀態。只有這樣，才能讓孩子不排斥學習，在輕鬆、安心的狀態下學習。

第3種能力，相信孩子可以好好學習。世上所有的孩子都想好好學習。要培養孩子在感受到學習的滿足感後，進一步產生學習的動力。每個人都有成長的欲望，當孩子排斥學習時，父母應該了解孩子不是討厭學習，而是排斥那種學習的方法，孩子也迫切希望找到適合自己的學習方法。

第4種能力，找到並提供孩子能夠愉快地投入學習的方法。遇到困難時，只強迫孩子忍受，這種蠻橫的方法只會讓孩子產生挫敗感。我們要相信，只有有趣的教育方法，才是對情緒和認知發展有幫助的最佳學習方法。

第5種能力，培養溝通能力。父母幫助孩子學習的方法是「講話」。孩子覺得難，不想學習或想要放棄的時候，父母要能夠控制自己的情緒，嘗試與孩子進行有趣的對話。父母要具備用對話誘導、幫助孩子集中注意力的語言能力。

當然，沒有父母可以具備所有的能力。我在兩個孩子4至7歲的時候，也沒有具備這些能力。那時的我還不了解這些能力，但就算當時知道，可能也會因為性格的關係而做不到。儘管如此，孩子們僅憑與我的互動和溝通，自然而然地刺激了自

己的成長欲求，健康地成長。所以大家不必太擔心，只要做好現在正確的部分，改善、補充不足的部分，就可以慢慢看到效果，更好地幫助孩子培養情緒和認知發展。在閱讀這本書的過程中，大家將會看到很多有趣、簡單和有效的學習方法。

錯誤的起步學習會毀掉孩子

因為慢而挨罵的孩子會受傷

承賢從小翻身、走路就比同齡的孩子慢2至3個月，無論做什麼都需要更多的時間。父母對此憂心忡忡，但現在已經5歲的承賢活蹦亂跳，一點問題也沒有，不禁讓人覺得父母太杞人憂天了。但媽媽又開始擔心起別的事情了。承賢學說話慢，叫媽媽、爸爸也比同齡的孩子晚，快4歲時才學會這兩個簡單的詞。4歲時，也花了很長的時間適應幼稚園。媽媽很著急，在擔心孩子是否有語言發育和智力問題以前，總是催促孩子好好發音、學自己講話。

結果從5歲開始，孩子又出現了另一個問題。無論學畫畫還是學寫字，孩子總是把「不知道、我不會、我不要做」掛在嘴邊。只有在玩遊戲的時候，孩子很開

心，但利用卡片教他數數、識字或聽英文歌，卻又說不要。給孩子讀繪本的時候，也看不出孩子感興趣。其他孩子已經學會數數、開始識字了，但承賢不僅不會數數字，對文字也絲毫不感興趣。父母越來越擔心了。承賢的發育為什麼這麼慢，怎麼會遇到這些困難呢？

越教越煩，攻擊性變強的孩子

賢宇的媽媽希望更有效地教育孩子，不僅上網搜尋很多資訊，還整理出學習內容，以孩子喜歡的活動為中心制定了計畫。英語幼稚園的費用太貴，加上不是正規教育，所以媽媽決定送賢宇去一般的幼稚園，然後另外請一個英語家教。在決定孩子學什麼以前，媽媽還會陪孩子參加體驗課。就這樣，賢宇不僅很快學會了識字，還很喜歡看書。聽到周圍人誇獎孩子聰明時，媽媽感到很欣慰。但隨著孩子漸漸長大，竟然出現意想不到的問題。賢宇的媽媽訴苦說：

「如果不如願，他就會亂發脾氣，摔東西，還會動手打我。有時還打自己的頭或用頭去撞牆，甚至威脅我說要離家出走。5歲的孩子怎麼能說出這種話呢？無論哄他，還是訓斥他，只會讓情況變得更糟糕。孩子生氣，我該怎麼辦呢？打罵教育時，孩子反倒對我大喊大叫，叫我不要發火。每天早上都不肯去幼稚園，還說『討厭媽媽、爸爸。你們就知道打我，壞媽媽，妳一點都不喜歡我。』看到孩子這樣大哭大鬧，我也覺得很累。」

我們來分析一下賢宇情緒爆發的原因。因為孩子沒有學會正確發洩情緒的方法？因為孩子做錯事時，父母總是打罵教育？因為經常訓斥孩子，所以孩子的內心受了傷？因為育兒方法不適合孩子……其中，最大的原因是什麼呢？孩子在成長的過程中遇到問題時，最大的原因可能是來自於與父母的相互作用，但這並不是問題的根源。把問題歸咎在媽媽身上，只會讓努力教育孩子的媽媽感到委屈。更何況，一直以來賢宇的媽媽都很在乎孩子的情緒，所以很難馬上找出原因。

這時，為了了解孩子的內心想法，最重要的就是觀察孩子一天做了什麼，檢查孩子從早上睜開眼睛到晚上睡覺前的感受和想法。在這個過程中，一定有什麼超出了孩子的負荷，造成孩子出現情緒問題。檢查的方法很簡單，只要利用時間表，把孩子做的事情按時間順序列出來就可以了。我們來看一下賢宇一個星期的時間表。

星期一	星期二	星期三	星期四	星期五	星期六	星期日
幼稚園	幼稚園	幼稚園	幼稚園	幼稚園	親子餐廳 博物館等 社交性課程	與父母 玩遊戲， 旅遊
生活體育	思考力數學	生活體育	教具遊戲課程	生活體育		
創意力課程	英語家教	遊戲數學	識字寫字書	英語練習題		

從星期一到星期五，孩子從幼稚園回來後，每天還要接受兩種課外教育。結束後回到家就已經七點了，吃過晚飯，洗澡整理一下的話，不知不覺就到了要上床睡覺的時間。加上還要看書和寫作業，孩子根本沒有時間和父母相處。到了週末，孩子還要跟媽媽去參加親子餐廳的各種體驗課活動。當然，這都是孩子喜歡的活動。

這個5歲孩子的時間表與大人並沒有不同。雖然孩子會很開心做這些事，但這並不是5歲的孩子能夠消化的行程。即使孩子喜歡這些活動，但還是會感受到負擔，所以才會下意識變得煩躁、鬧脾氣。可以肯定的是，如果持續這樣下去的話，只會讓孩子的內心更加痛苦。

但這並不是說不需要對孩子進行認知教育，而是應該為孩子安排可以消化的行程，透過努力找到可以帶來更佳效果的方法。一定有更好的方法可以幫助孩子開心愉快地學習，輕鬆挑戰困難的事情，讓成就感轉換成學習的動力。

沒有給孩子學習的壓力，但孩子卻失去了自信

兩年前，熙秀的媽媽在周遭人的勸說下，帶孩子參加了補習班的數學遊戲和創意公開課。回家後，熙秀覺得很有趣，吵著也要去補習班。但無奈跟隨大家去聽課的媽媽卻沒有這種打算。熙秀的媽媽覺得4至5歲孩子學習的內容並不難，而且讓孩子多和小朋友玩在一起，自然而然地學習才更重要。媽媽不希望過早地讓孩子參

加補習班，認為孩子7歲或唸國小以後也不遲。熙秀的媽媽覺得輔導班教的東西，孩子從平時的遊戲中也可以學到，加上她更希望孩子可以開朗、健康地成長。她還經常與志同道合的媽媽們帶著孩子走進大自然，讓孩子透過玩耍豐富知識。

剛過6歲，周圍很多孩子開始識字了，但熙秀卻還在擺弄手指結結巴巴地數數。看到其他小朋友可以熟練地掌握加減法，熙秀漸漸變得畏首畏尾。到了7歲，之前還能開朗活潑地和小朋友玩在一起的熙秀突然變了，不僅總是鬧脾氣，還會妨礙大家，上課的時候經常走神，有時還乾脆走出教室。老師不只一次向媽媽表示擔憂，漸漸感受到壓力的媽媽也開始斥責孩子。最重要的是，媽媽不知道為什麼熙秀會變成這樣。為了陪伴孩子長大，媽媽放棄工作，做起全職媽媽，還讀了很多育兒書籍，也能夠對孩子的內心產生共鳴。她認為對孩子而言，最重要的是玩遊戲，也覺得正是因為這樣，小時候的熙秀很開朗活潑、有自信。因此更加無法理解孩子7歲後出現的問題了。

這種情況最令人惋惜。就算是情緒穩定的孩子，但在意識到自己落後於其他人時也會感到受傷，然而父母卻不知道。「我什麼都做不好」的悲觀想法會讓孩子變得更加畏首畏尾，孩子因缺乏調節難過和憤怒的能力，才會無緣無故地鬧脾氣。

5歲的孩子還很小，不免讓人疑慮真的應該這麼早讓他們學習嗎？但這種疑慮也是對兒童發育的誤解。一些社會現象誤導我們認為學習會折磨孩子，因此疏忽了對孩子的認知教育。我們要切記，這也是不可取的想法。

當然，也有不在乎同齡的小朋友識字、唱英文歌，仍舊開心玩耍的孩子。但希望大家不要認為孩子的這種心態會一直持續下去。如果秉持只要讓孩子健康成長到6至7歲的想法，不進行適當的認知教育，那麼在大多數的情況下就會遇到熙秀的壓力。如果孩子意識到自己的能力不足，就會開始畏首畏尾，不僅漸漸失去學習的樂趣，還會變得很暴躁。這樣的孩子很令人痛心。你是否擔心我們的孩子也會出現這樣的情況？

遇到驚人的5歲孩子

並不是所有的孩子都像承賢、賢宇和熙秀一樣，也有令人驚嘆不已的5歲孩子。接下來，讓我們透過聰明伶俐的智旻了解一下，應該如何教我們的孩子學習吧。智旻遇到陌生人也會大大方方地打招呼，還會用充滿好奇心的雙眼問「這是什麼？」不僅如此，智旻還會問「我可以玩一下嗎？」大人看到既有禮貌又很會表達自己想法的孩子，不僅很喜歡他，就連心情也會跟著豁然開朗起來。

與智旻短暫相處一會，也會讓人連連感嘆，才5歲的孩子竟然認識這麼多字，他不但可以讀出自己喜歡的繪本書名，還知道所有恐龍的名字。看繪本的時候，也會根據內容發揮自己的想像力。畫一顆蘋果時，智旻也會說那是蘋果機器人、蘋果柄就是天線，蘋果裡有散發香氣和製造顏色的裝置。智旻既可以使用略有難度的詞彙，也能背下簡單的英文童謠歌詞。簡直就是一個令人驚奇的5歲孩子。

我們努力教育自己的孩子，都希望孩子可以像智旻一樣。但為什麼孩子會變得缺失自信、沒有動力，只會亂發脾氣呢？這正是因為學習態度的差異。在智旻身上，我們應該羨慕的不是孩子的知識量，而是**孩子對新事物的好奇心，為了進一步了解而不斷提問的熱情，以及即使遇到困難仍會堅持到底的毅力**。這才是智旻與其他孩子明顯的差異。**4至7歲的孩子，首先要養成的是學習的態度**，但這種態度不是與生俱來的，而是在父母的教育下逐漸形成的。在多數的情況下，即使是很有才華的孩子，如果不具備良好的學習態度，原有的才華也是會消失的。

正因為這樣，學者們才會將直接與學習有關的「認知能力」和培養學習態度的「非認知能力」進行區分。總是瞪著好奇的眼睛來學習的孩子，正是具備了發達的非認知能力。**雖然肉眼看不到非認知能力，但它卻是一把對形成認知能力最具影響力的魔法鑰匙**；想像的力量、講話的力量、實踐的力量和堅持的力量，這些力量會激發孩子在生活和學習中的好奇心與熱情，也是帶動孩子克服困難的心理原動力。非認知能力是先行學習的重要條件。只有具備了這樣的條件，孩子才會隨著時間的推移發揮自己的潛能。從現在開始，就讓我們逐步了解一下如何培養決定孩子學習命運的非認知能力吧。

孩子的起步學習取決於父母

父母決定孩子的學習態度

在講解家長教育孩子的類型時，其中最具代表性的是民主型、權威型、容忍型和獨裁型四種類型。僅憑名稱就可以看出是什麼教育方式，但對於孩子正以什麼面貌成長，卻沒有足夠的關注。

前面我們看到了孩子的四種面貌——品行優秀，但認知能力低的孩子；不僅性格存在問題，認知發展也緩慢的孩子；認知能力優秀，但性格偏執，難以與他人相處的孩子；不僅認知能力優秀，而且性格開朗、自信十足的孩子。我們的孩子正在朝著哪種類型成長呢？

若想好好養育孩子，就要認真地思考一下。所有的父母都在無意識中開始教育孩子，以玩耍為中心的自然主義方式是學習，以課本和補習班為主的課外教育也是學習。但重要的是，學習的方式和該方式是否適合孩子，將會帶來不同的結果。父母在不知道由自己主導的學習方式會對孩子造成怎樣的影響下，僅憑藉不確定的資訊強迫孩子學習，結果學習和品性都出現問題。父母為了教育孩子盡心盡力，但事後發現不僅對孩子的品性和學習沒有任何幫助，反而產生副作用時會有多後悔呢？即使當下看不到明顯的問題，但持續下去的話，等到國小一至二年級很多孩子就會出現徵兆了。

每次遇到因學習而演變出嚴重情緒問題的學生時，我就會迫切地想「如果能讓孩子回到4至7歲，有趣、愉快地學習該有多好！」當然，就算孩子已經開始排斥學習，國小就放棄了數學，但也不表示為時已晚。只要從現在開始努力解決問題的話，孩子的學習能力和態度就會發生轉變。即使在學習起步期搞錯方向也沒有關係，只要回到起點，重新開始就可以了。但最好還是少走彎路，不要經歷這樣的錯誤。

我們的孩子都可以成長為優秀的孩子。性格開朗，有自信地表達自己的孩子；關懷他人，懂得作出讓步的孩子；能與小朋友和睦相處，又可以專注於自己的孩子；親近數字，又喜歡閱讀的孩子；輕鬆背下英文歌詞，哼唱歌謠的孩子；喜歡記憶力遊戲，也喜歡遵守規則的桌遊、在遊戲中能夠透過思考制定戰略的孩子。我們的孩子也可以成長為充滿活力、煥然奪目的孩子。

現在就讓我們朝著正確的方向教孩子學習吧。如果您仍對學習一詞感到不適的話，請先冷靜地調整一下心態。**認為讓幼小的孩子學習太世俗，又擔心孩子會落後於其他人的想法，正是現代父母對學習存在的矛盾情緒。遺憾的是，這種矛盾的感情，正是來自於對學習的錯誤認知和偏見。**正如我們每天需要三餐、社交活動、睡眠休息和排泄一樣，孩子在成長的過程中，也需要學習和掌握知識。不僅需要學習語言、文字和閱讀等各種各樣的知識，也需要學習社會規則和秩序，以及世界共通的語言——英語。但重要的問題是，什麼時候、如何教孩子呢？

孩子的起步學習——為什麼？學什麼？怎麼學？

孩子的學習起步，最好從「為什麼？學什麼？怎麼學？」這三個對學習心態最具影響的問題開始。**孩子的學習心態決定了學習的方向，因此4至7歲孩子的父母在決定教孩子學什麼的時候，首先應該考慮的是培養孩子的非認知能力。**但這並不是說不教孩子學習的內容，而是應該把重點放在，培養孩子對學習的態度和提高非認知能力上。如果想教孩子數學的話，那請想一想在下面的括號中，您腦海中最先浮現的一句話。

我覺得數學（　）。

您想到了哪句話呢？很多父母會在孩子4至7歲的時候，教孩子數學。但如果父母對數學的印象是「討厭」、「太難」、「很累」的話，那麼孩子也很有可能不會愉快地學習數學。教孩子數學的老師也是如此。如果幼稚園的老師討厭數學，就會在教孩子數學時不知不覺地流露出自己的感情。很多研究顯示，如果父母和老師討厭數學，孩子也會討厭數學，對學習數學感到不安。

仔細觀察一下那些放棄數學的孩子，會更容易理解這一點。我們來看一下二〇一九年韓國教育課程評價院「關於國小、國中排斥學習的學生成長過程研究報告」，結果從二〇一七年起兩年之間針對五十名成績不佳的學生進行的調查顯示，很多學生都在學習數學上遇到困難。根據調查，最初遇到困難是在國小三年級學習分數。這段時間大幅度增加對數學產生負面情緒的學生。分數一詞讓孩子感到既陌生又有難度，但事實上，孩子從小就已經不知不覺接觸了分數。如果孩子知道一顆蘋果分成兩半，可以用二分之一來表示的話，就不會覺得分數難了，也可以很容易地理解分成四等分就是四分之一。事實上，從4至7歲透過桌遊接觸分數的孩子，都可以很輕鬆地計算基礎分數題。

因為父母討厭數學、覺得數學很難，再加上老師秉持著知識要循序漸進、按順序來學的舊有觀念，所以無法有趣、有效地教孩子數學。那些覺得計算吃力、討厭數學的孩子勉強堅持背九九乘法表，到了三年級遇到單位分數、真分數、假分數和帶分數等難以理解的詞彙時，學習的欲望便消失了。正因為這樣，父母對於「為什麼？學什麼？怎麼學」的自問自答，將決定孩子的學習方向。

最終，要想解決「如何學習」的問題，父母就要先整理好自己的想法。提示和引導孩子走上自發、主導、有趣和高效的學習之路，正是4至7歲孩子的父母應該扮演的重要角色。

教育孩子，還是虐待孩子？

在教育4至7歲的孩子時，有一個絕對不可忽視的重要概念。那就是在教孩子學習時，必須要守護「兒童人權」。也許有人會覺得莫名其妙，怎麼從學習突然談論起人權了呢？超乎我們想像的是，在悲慘的現實中，很多父母正以教孩子學習、寫作業為名，無視孩子的人權、虐待孩子。請看以下內容，如果認為是虐待兒童請在括號中標示○，認為不是請標示×。

・發火、大喊大叫堅持要孩子完成作業（　）

4至7歲孩子所需的情緒與認知的均衡發展

左右一生的非認知能力（feat.佩里幼稚園計畫）

4至7歲孩子的教育內容大致可分為兩種：數學、英語、國語等教育科目的認知教育，與培養心理、情緒發展的非認知教育。哪種教育對孩子的學習影響更大呢？

想要孩子取得好成績，似乎應該馬上進行認知教育。但各種研究結果顯示，非認知教育對成績的影響更大、更有價值。顯然這是與許多人所了解的內容完全不同的結果。如果不相信的話，那就透過下面的實驗故事來了解什麼才是真正對孩子的學習有幫助的教育吧。

一九六七年美國的心理學家大衛・維卡特（David Weikart）與同事們為了評估三種幼兒教育計畫的效果，將68名3至4歲的孩子隨機分為三組，對各組展開的教育內容如下：

‧A組：直接教孩子語言、數學和閱讀等認知教育科目的相關內容。

‧B組：採用傳統的教育方式，圍繞參觀動物園和馬戲團等不同的主題活動，展開討論和集中於培養社會技能。

‧C組：採用原理教育，讓孩子積極、主動地參與高瞻（High Scope）課程。每天讓孩子在音樂、體育、語言、閱讀理解、邏輯和數學中，選擇自己感興趣的領域進行學習。這段期間，教師扮演輔助孩子學習的角色。

各組的活動每週進行五天，每天2小時30分鐘的課程和每週1小時30分的家庭訪問，4名教師負責20～25名孩子。但過了一段時間以後，該計畫在結果評估時被判定為失敗。因為實施這項計畫後，直到孩子10歲時，三組孩子的智能並沒有發現明顯的差異。

但在10年後，曾獲二〇〇〇年的諾貝爾經濟學獎得主，美國經濟學家詹姆士‧赫克曼（James Heckman）重新分析這項研究的結果。赫克曼在獲得諾貝爾獎之後，把關注的焦點擴展到了孩子的成長問題上，於是產生以下幾點疑問：

「擁有怎樣的技術和性格可以取得成功呢？」

「那樣的技術和性格，在小時候是如何發展出來的呢？」

「父母如何可以幫助孩子更好的成長呢？」

特別關注4至7歲孩子成長的赫克曼，在偶然間得知，過去幾十年間沒有人分析過前面提到的「佩里幼稚園計畫（The High Scope Perry Preschool Project）」的資料，於是他再次針對該計畫進行了結果調查，結果有了重大的發現。讓我們仔細看看赫克曼的研究結果。

參與佩里幼稚園計畫的孩子到了國小三年級，三個小組孩子的IQ都有所提高，其中採用直接授課方法的A組孩子的IQ比採用傳統教育方法的B組孩子的IQ高出十分，而參與高瞻課程的C組孩子卻沒有明顯的差異。但這些孩子到了15歲的時候，三組之間卻出現明顯的差異。報告顯示，直接學習語言和數學的A組孩子做出的負面行為，相較於展開情感教育的B組和主導教育的C組孩子高出了2.5倍。

隨著時間的推移，這種傾向越來越明顯。到了23歲，A組因犯罪被捕的人數高出B和C組的3倍，特別是經濟犯罪。不僅如此，還發現A組中有47%因情緒混亂和障礙接受過心理治療。相反的，B和C組的所占比率僅為6%。最終可以看出，**4至7歲的認知教育只對10歲左右的智力發展有所幫助，進入青少年時期以後，反而出現了負面效果**。此外，該研究還發現，在成長中有所收穫的孩子，有三分之二得益於好奇心、調節力、社交能力等的非認知因素。赫克曼確認並強調，培養非認知能力的教育比培養認知能力更具影響，更有助於取得成功。

赫克曼認為對孩子進行認知教育只能獲得短期的效果，而且孩子說謊、遲到、曠課的頻率，與同學、老師的關係等社交能力也會受其影響。然而**非認知能力也與學習息息相關，反而對學習更為重要、更有幫助**。

但很遺憾的是，從一九六〇年開始持續了40年的研究結果，再次讓我們看到現在的教育仍舊偏重於認知教育的現實。即使認知教育只有短期的效果，也看到了非認知能力才能預見孩子的未來，但我們還是會因眼前的欲望而動搖。只因孩子喜歡吃甜食，就給孩子吃對身體有害的糖果和巧克力，這不是真正的愛孩子。教育孩子時，需要的是出自真心的愛；希望孩子幸福，就要牢記什麼才是最重要的。最近某英語幼稚園，把在課堂上調皮搗蛋的5歲孩子趕出了幼稚園，幼稚園趕走孩子的說辭令人極為擔憂：

「我們英語幼稚園不會教行為存在問題的孩子，請先送他去別的幼稚園學好聽課態度再來吧。」

當然，如果讓孩子繼續留在那裡的話，肯定會提高英語水平。但如果讓孩子在不適於情緒發展，沒有情感交流和照顧的環境下，只接受認知教育，是很難保證孩子以後不會產生負面影響的。若身為父母的您在不知不覺中，只專注於教孩子學習內容的話，那現在就應該了解自己的行為會對10年、20年後的孩子帶來怎樣的影響。請先了解這一點之後，再來教孩子學習吧。

很多人仍舊認為只有以國語、英語和數學為代表的認知教育才是學習。當意識到孩子應該學習的時候，最先思考的就是「應該從幾歲教孩子識字」、「怎麼教孩子英語呢」、「數學應該選擇什麼教具和課本更有效果呢」。最終，這些問題證明了父母在教孩子時只重視認知教育。佩里幼稚園計畫的結果提醒了我們，對4至7歲的孩子進行認知教育，只會對孩子的人生造成致命性的負面影響，以及必須牢記不能被泛濫成災的教育廣告誘惑，受他人影響而不安、動搖。

從「想做什麼？」到「想做的都做完了嗎？」

讓我們從對認知教育有幫助，也對情緒發展有效果的C組高瞻課程中，找出有助於教育4至7歲孩子的訣竅吧。高瞻課程的核心是對3至4歲孩子進行「孩子主導式」的課程，此教育方法將孩子視為具備自發性的學習主體。具體內容如下：

每天老師會問孩子：「想做什麼？」，然後讓孩子講出自己想做的事情。過了一段時間後，再問孩子：「想做的都做完了嗎？」老師不會主導、命令孩子「做這、做那」。

孩子說出自己想做的事情就等於是設定了「學習的目標」，詢問是否完成目標可以看成是「自我評價」的過程。在回顧自己的想法與行動的過程中，孩子可以想起最初的計畫並付諸行動，「調整心態」完成目標就可獲得「成功的經驗」。像這樣每天反覆下去，孩子就會形成自律性和主導性，而且把自己「想做的事」設為目標還會幫助孩子發展出內在動機。出生後36個月後的孩子即可經歷這樣的過程，孩子透過4至7歲時的成功經驗可以成長為自律、主導的學習者。我們來重新整理一下，應該以什麼樣的視角來看待年幼的孩子吧。

孩子是主動的學習者

- 孩子是自己計畫、執行、評價、學習的主動學習者。
- 孩子可以對自己的學習負責。
- 老師應鼓勵孩子自主選擇、解決問題和參與活動。
- 為了增加孩子的詞彙量，討論時老師可使用複雜的單詞。
- 老師觀察孩子玩遊戲，但不妨礙，且透過適當的提問擴展遊戲計畫，讓孩子自己思考。

很多學者為了引領孩子和孩子的學習走上成功之路，大力主張非認知能力的重要性，與此同時也在強調培養孩子具備該能力的有效教育方法，但這並不代表沒有必要進行認知教育。4至7歲孩子的父母既要培養孩子的非認知能力，同時也要掌握有效且有幫助的認知教育方法。接下來，我們再從另一項理論中，找出可以提高孩子洞察力的學習方法。

喚醒學習潛力的心智工具

俄羅斯的心理學家李夫・維高斯基（Lev Vygotsky）提出心智工具的概念。他認為就像人類發明錘子、鋸子和槓桿等工具來擴展身體能力一樣，擴展精神能力也需要創造心智工具。維高斯基所強調的心智工具，是可以專注於想做的事情、記得要做的事情和改變想法的能力。據他所言，因為我們並不是自出生以來就擁有這種心智工具，所以要在養育和教育的過程中讓自己擁有這種工具。身為父母的您，有幫助孩子創造出這種工具嗎？

雖然孩子有潛力，但卻無法自己找到和利用心智工具，只能透過外部的誘惑來吸引孩子，進而引起他們的注意和思考。也就是說，要有外部動機才能讓孩子集中注意力，進而持續某種行為。正因如此，許多幼兒教育的教具為了吸引孩子設計得越來越華麗、誘人了。但這種刺激性的吸引方式，卻達不到最終培養出自發性學習能力的目的。即使是始於外部動機，但也要發展出內在動機，在這個過程中，就需要幫助孩子創造出注意、記住和解決問題的心智工具。

維高斯基強調說，父母和老師的角色是幫助孩子擁有心智工具。長期以來，許多心理學家和教育學家以維高斯基的理論為基礎，研究出實際有效的教育方法。其中，俄羅斯和美國的心理學家兼教育學家艾琳娜．波德羅瓦（Elena Bodrova）和黛博拉．梁（Deborah Leong）設計出極為有效的心智工具計畫。

在心智工具計畫中，任何學習都不是強迫性的。孩子們自發地制定計畫，按照自己的計畫學習。老師扮演的角色不是單方面的傳授知識，而是幫助孩子有系統的制定計畫，並且成功的實踐計畫。最終，孩子們透過自己喜歡的遊戲，自然而然地找到學習的方法。這種方法真的可行嗎？即使真的可行，但切實有效嗎？事實上，很多父母只把這種方法視為理論，都覺得實踐的可能性微乎其微。

讓我們來了解一下心智工具計畫帶來的效果吧。一九九七年在美國丹佛，10名幼稚園的老師隨機選擇了心智工具和正規課程來教育孩子。隔年春季，在國家標準考試中，接受正規課程教育的孩子只有50％獲得了「熟練」等級，接受心智工具教育的孩子獲得「熟練」等級的人數則高達97％。更讓老師們感動的是，在接受心智工具教育的孩子身上，沒有出現一般幼稚園孩子會遇到的行為問題。

事實上，很多實驗證明了心智工具的效果。二〇一四年，美國紐約大學的應用心理學教授庫柏勒・菈薇（Cybele Raver）與同事以759名孩子為對象，針對心智工具對學業的完成度、神經認知及神經內分泌功能的變化所起的影響進行調查。在這項研究中，參與心智工具教育的孩子不僅提高了執行能力、推理能力、注意力和自我調節力，還發現心智工具對壓力荷爾蒙的皮質醇和腎上腺素數值也有正面的影響。此外，孩子在閱讀、詞彙和數學等方面也領先比自己大一歲的孩子。二〇〇一年聯合國教科文組織也將心智工具評價為革新的教育項目。

為了有效的利用心智工具，必須先思考一個前提條件：如何看待孩子的問題行為。不應把孩子視為問題很多的孩子，而是應該看成尚未擁有心智工具的孩子；如果孩子無法集中注意力，就要幫助孩子擁有能夠集中注意力的心智工具，這是父母和老師應該扮演的角色。孩子只要擁有心智工具，就不需要其他特別的準備了。玩遊戲時，特別是在角色扮演遊戲中，可以讓孩子建立為自己行為負責的自我調節力的基礎。在這個過程中，還可以同時進行「延遲滿足感」的訓練。以下內容就是心智工具的教育方法。

今天來玩「消防員遊戲」。但遊戲不只是單純的滅火，而是要孩子分別依序扮演發生火災的家人、打一一九緊急救難電話的人和接電話的執勤員，還有駕駛消防車的司機和消防員。分配好角色以後，按照以下內容，幫助孩子制定個人計畫：

①孩子制定自己的遊戲計畫。用「我要扮演……」的句子來表達，如果不會寫字，在紙上用直線或圓圈來表達自己想要扮演的角色，或寫一個注音符號也可以。制定在玩遊戲期間的計畫，自己扮演的角色和要做的事情。

②以遊戲計畫為基礎，持續進行30～40分鐘的角色扮演遊戲。

③如果孩子開始做別的事，不集中或發生爭吵，老師就問孩子「你的遊戲計畫

怎麼樣了？」由此引導孩子回到計畫。老師只可以引導孩子計畫遊戲，不可以直接教孩子做什麼。

計畫遊戲不是毫無準備的玩耍，而是要讓孩子提前制定計畫，再開始玩遊戲。在玩遊戲的過程中，老師在提醒孩子同時，也在幫助孩子提高執行能力。雖然看似簡單，但效果卻非常有效。**這樣做可以讓孩子意識到自己就是行為的主人，大大提高自我調節力、語言表達能力和執行能力。這些才是學習所需最重要的能力。**

我們在高瞻課程和心智工具教育中可以看到一個非常重要的特點，那就是父母和老師所扮演的角色。父母和老師需要幫助孩子主動計畫自己要做的事、調節衝動、實踐計畫和完成計畫。請記住，雖然孩子年紀小，但在這樣的過程中，可以讓他們發揮自我調節力，一步步走向愉快、有趣的學習世界。在幼兒教育中，許多有效果的教育方法，都在強調把重點放在心理和精神上，而不是學習數學和語言等的認知能力上，要讓孩子調節妨礙自己的衝動情緒，重新調整心態，把注意力集中在現在在做的事情上。

我之所以一再強調非認知能力的重要性，是因為出於對只注重認知教育的現實的擔憂，但這絕對不是說不需要認知教育。對於現在正在撫養4至7歲孩子的父母而言，摸索出認知與情緒均衡發展的方向，才是最重要的課題。大家不必擔心，因為一定會有舒適、游刃有餘、幸福和愉快教育孩子的方法。接下來我會為大家介紹，以非認知能力為基礎，培養情緒與認知發展的「三個魔法鑰匙」，這是開啟4至7歲孩子成長的魔法鑰匙，會讓我們看著孩子耀眼的成長。

決定4至7歲孩子成長的三把魔法鑰匙

大力的媽媽從沒想過要強迫孩子學習，也不會受別人的影響。她希望孩子開朗、朝氣蓬勃地成長，所以讓孩子讀書、多玩、多親近大自然，直到孩子6歲時才覺得應該開始教孩子識字和數學。原本以為懂事聽話的孩子會學得得心應手，但做夢也沒想到孩子會不喜歡學習。教孩子數數和讀字倒還好，但孩子學寫字就會不耐煩、坐不住。有時孩子緊皺眉頭，用鉛筆用力寫字時，紙都快被劃破了。媽媽看到孩子握筆姿勢不對，就會握住孩子的手教他，看到孩子寫字時筆畫不正確，也會手把手地教。令媽媽感到不解的是，只不過是這樣教孩子而已，為什麼孩子會這麼煩躁、痛苦呢？

看著又漂亮又可愛，還很會撒嬌的女兒，小愛的媽媽覺得非常幸福。孩子不僅很有禮貌，還很討人喜歡，每次帶孩子出門聽到大家對孩子稱讚不已，媽媽也會很開心。但有一天，媽媽看到幼稚園的小朋友給小愛寫的信後，受到了很大的衝擊。

小愛，你好！妳要多和我一起玩！
我們一起去親子餐廳吧！愛妳唷！

雖然媽媽知道其他孩子比小愛先學會了寫字，但沒想到會寫出這麼端正的字。小愛媽媽羨慕的同時，突然擔心起來。她心想「小愛出生比較晚，寫字晚也正常吧」，但轉念一想，八月出生的小孩也跟其他小朋友差不了幾天。於是，媽媽心急如焚，趕快上網搜尋「六歲學習字」、「六歲孩子寫信」，結果發現世上竟然有這麼多令人驚訝的孩子。

「我家孩子六歲，都能用手機傳訊息了。」

「我每天給孩子讀書，孩子剛六歲就識字了。有一天，看到他讀得很流暢，嚇了我一跳。只要多給孩子讀書，耐心等待就可以了。」

大力的媽媽和小愛的媽媽在心態和育兒態度上都沒有問題，看到同齡孩子的認知能力受到衝擊進而焦慮，也是非常自然的反應。但我非常懇切地想要拜託這樣的父母一件事，那就是像從一開始樹立良好的育兒價值觀一樣，越是焦慮，越是應該想清楚「什麼才是教育孩子最重要的事」，然後調整好心態再來教孩子學習。無論多心急如焚，都要經歷這樣的環節。勉強讓4至7歲的孩子學習，孩子會聽話照

Part 2

孩子成長的魔法鑰匙1.知識

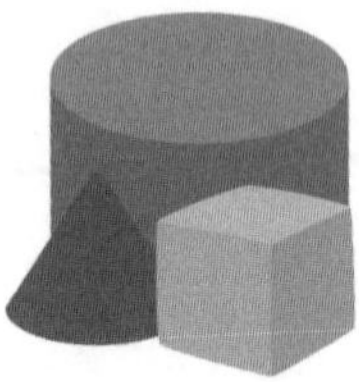

STEP 1

4至7歲孩子必備的2種知識

9歲時可以推測出4至7歲的樣子

從3歲開始，孩子就會不停地問：「這是什麼？」從這時起父母就會掉入回答問題的地獄。這個年齡的孩子出於本能，會對周遭的一切產生好奇心和探索欲望，所以會不停地提問。父母的反應大致會分為兩類：一類是雖然覺得麻煩，但還是會認真地回答孩子的問題；反之，另一類是面對一再重複的問題會含糊其詞，或者乾脆轉移孩子的注意力。

這樣過了1至2年後，這兩類父母的孩子其知識量會有什麼差異嗎？讓我們從兩個5歲的孩子在玩企鵝敲冰磚的遊戲中，所講的話即可推測出孩子掌握的知識量。

〈5歲孩子A〉

老師：你知道怎麼玩嗎？

孩子：像這樣，把冰磚全部拼好。

老師：好像要拼很久，要老師幫你嗎？

孩子：不用。像這樣按順序把白色和藍色的拼在一起就可以了。請稍等，我喜歡自己做。

等孩子拼好後，開始玩遊戲。孩子遵守遊戲規則，邊玩邊講很多話。一局結束後，還想繼續玩。玩著玩著，突然展開了想像。

孩子：（拿起兩塊冰磚放在頭頂兩側）這是米奇老鼠，（拿起一塊冰磚放在鼻頭）這是雪寶，（又放在頭上）這是聖誕老公公，（拿起兩塊放在眼睛上）這是放大鏡，（拿起一塊放在眼睛上）這是獨眼龍耶！

孩子玩得很開心，稍後看到其他玩具問老師。

孩子：這個怎麼玩？5歲也可以玩嗎？

孩子：我們來玩吧。剪刀、石頭、布。

與遵守遊戲規則的孩子一起玩，其他人也會玩得很開心。

〈5歲孩子B〉

老師：你知道怎麼玩嗎？

孩子：嗯。（默默看著）老師為什麼不玩呢？

老師：你說「老師也一起玩吧」我就陪你玩。

孩子：老師也一起玩吧。

拼好冰磚後，開始玩遊戲。按照順序一人只能敲一下，但孩子不遵守遊戲規則，只顧自己敲冰磚。最後冰磚都掉下來，遊戲不了了之結束了。

孩子：沒意思，我不玩了。

老師：那我們整理一下，再玩別的遊戲。

孩子：我不要。老師來整理吧。

雖然老師說一起整理，但孩子很不情願。老師問孩子要不要玩下一個遊戲時，孩子說：「不知道，感覺很難」。孩子突然拿起桌子上老師的手機問：「手機裡有什麼遊戲？」

讓我們透過兩個孩子講的話來推測一下他們的知識量，以及在玩遊戲時的心理狀態。5歲孩子A所表現的態度、知識、詞彙量及水準都很棒。孩子既懂得遵守遊戲規則，也很享受拼冰磚的過程，在玩遊戲的過程中還會發揮想像力。從孩子知道米奇老鼠、雪寶、聖誕老公公、放大鏡和獨眼龍等各種詞彙可以看出，孩子在成長的過程中累積了許多知識，而且非常紮實。

反之，5歲孩子B不僅缺乏準備玩遊戲的能力，也缺少遵守順序的自我調節力，而且還沒有學會要自己整理玩過的玩具。這個孩子沒有使用高級詞彙，而且過早接觸手機，甚至在未經老師的同意下，直接拿起了手機。

當然，5歲的孩子還很小，無需賦予這種差異過大的意義。但我們會好奇兩個孩子到了9歲的樣子。接下來，讓我們從兩個9歲孩子的對話中，反過來推測一下他們5歲的樣子。兩個孩子在喝叫做「愛因斯坦」的牛奶時，與老師展開了以下的對話。

〈9歲孩子A〉

老師：你知道愛因斯坦嗎？

孩子：當然知道了。我想成為像愛因斯坦一樣的科學家，是他提出了相對論。我喜歡他古怪的表情。像牛頓發現萬有引力也很有趣。喔，對了！牛頓還是皇家鑄幣廠的廠長，而且他在英國還是很厲害的偽造貨幣調查官，是不是很了不起？

〈9歲孩子B〉

老師：你知道愛因斯坦嗎？

孩子：不是牛奶嗎？

老師：不，愛因斯坦是很有名的科學家。這個牛奶的商標就是用了他的名字。

孩子：我不知道。我還以為就是牛奶的名字。我可以再喝一個巧克力牛奶嗎？

從9歲孩子A的話中，我們可以知道很多資訊。這個孩子不僅掌握了豐富的知識，而且還很有自己的想法，擴展自己的興趣。最重要的是，孩子對學習和掌握知識充滿了好奇心。不難看出，這個孩子培養出穩定的情緒和良好的認知發展。相反的，9歲孩子B的情況就很令人惋惜。雖然這個孩子沒有出現情緒上的問題，但因為知識量不足，所以就算遇到學習新知識的機會，也很難延伸下去。9歲就出現這樣的差異，可見5歲時的差異會有多大。

如果教兩個孩子學習會怎樣呢？孩子A不會太難，因為這個孩子已經掌握多種知識，且紮實地穩固了基礎，所以在接受與擴展新知識時，能夠感受到學習的樂趣。如果培養出轉換注意力的話，不只對感興趣的事，就算是不喜歡的事也可以專注完成。但相反的，孩子B不僅需要累積各種知識和經驗，還需要更具體的幫助孩子消化知識。如果不這樣做的話，即使以後孩子想努力學習，也會遇到很多困難，而且輕易放棄學習的可能性也很大。

要想孩子喜歡和享受學習，必須先讓孩子有所了解，以此為基礎累積更多的知識。利用基礎知識才能擴展出新的知識。為此，父母要從孩子充滿求知欲的4歲開始，幫助他們累積豐富的知識。接下來，讓我們詳細地了解一下應該如何累積這些知識吧。

背景知識和默會知識

美國的未來學家艾文．托佛勒（Alvin Toffler）說過一句非常有名的話：「韓國學生每天學習15個小時，但這些時間都浪費在未來不需要的知識上。」很多兒童心理學家和教育理論家也異口同聲地指出，為提高成績和入學考試而學習的框架性知識沒有多大的意義。其實，我們都明白這一點。那麼4至7歲的孩子真的不需要接受知識教育嗎？

絕對需要！孩子在4至7歲期間，掌握的知識比我們想像的還要重要，因為孩子掌握的知識，是連接新知識的橋梁。從孩子累積知識的過程中可以看出，只有擁有基礎知識，才能結合新知識，擴展知識的範圍，並儲存在記憶中。孩子要想記住從未聽過的知識，就要在大腦中反覆認知數十、數百次以上。但如果是已經知道的知識，就會很容易與新知識相連、整合，輕鬆地消化。因此4至7歲孩子的父母，應該正確了解學習什麼對孩子的認知發展，以及未來的人生更有幫助，在明確孩子需要什麼樣的知識後，再來教孩子學習。既然是這樣，那麼4至7歲的孩子需要怎樣的知識呢？

匈牙利的科學家兼哲學家邁克・波拉尼（Michael Polanyi）將知識分為兩類：外顯知識和默會知識。外顯知識是可以明確用語言表述的知識，雖然用語陌生，但其實與背景知識一脈相通。所謂的背景知識是指，與某種對象相關的知識或經驗，以及透過閱讀文字理解後成為基礎知識和經驗。比如，事先對某部作品有所了解，才能更好地理解其意義。換言之，背景知識就是原本了解的知識，可以具體語言化的知識。因此，我們可以把波拉尼所說的外顯知識，看成可以用語言來解釋各種事物與情況的知識，稱之為背景知識也無妨。因為大家對外顯知識一詞很生疏，所以本書將以背景知識取而代之。

瑞士的心理學家尚・皮亞傑（Jean Piaget）認為4至7歲的孩子會利用同化與調整來累積背景知識。我們來看一下孩子學習新知識的過程，4歲的孩子看著飛翔的小鳥問爸爸：

「爸爸，那是什麼？」

「那是鳥，小鳥。」

孩子因此有了「飛翔的物體就是小鳥」的圖式，之後再看到飛翔的小鳥或照片時，就會說那是「鳥」。有一天，孩子看到飛機，開心地大喊：

「爸爸，哇！那麼大的鳥！」

「那不是鳥，是飛機。發明家為了讓人類可以像鳥一樣飛翔，發明了飛機。」

此時，剛聽到的知識與原本知道的知識不同時，孩子便會出現知識上的不平衡狀態。為了找到平衡，孩子會創造新的圖式。也就是說，調整原有圖式進而創立新圖式來同化新事物。

「啊，天上飛的不一定都是鳥。原來那是飛機。」

這就是調整過程。透過調整過程，孩子的認知結構會發生本質性的變化。之後孩子在看到鳥時，會知道麻雀、貓頭鷹和老鷹等各種鳥類；在看到飛機時，會知道飛機分為輕飛機、水上飛機和噴氣式飛機，這就是皮亞傑解釋的同化過程。同化是指，利用自己原有的圖式來理解新事物。正因為這樣，對成長的孩子而言，為了學習新知識，進一步擴展自己的創意性思考，背景知識就顯得非常重要了。但孩子的背景知識並不是單純的用語言和文字記住的，而是在以默會式的經驗為前提下，才能取得明顯的發展。

景知識的話，孩子很難集中注意力在新課題上，而且還很有可能因為反感，而做出感官性和衝動性的行為。

反之，背景知識豐富的孩子不僅可以深入理解聽到、讀到的內容，還會學習到更多相關的知識。可以說，背景知識就是孩子知識發展的基礎。曾出任美國心理學會會長的康乃爾大學心理學教授羅伯特・史坦伯格（Robert Sternberg）的一句話指出背景知識的核心：

「如果沒有適用的知識，知識就無法實際運用。」

對孩子的學習影響最大的知識，是世上各種各樣的背景知識和透過經驗領悟到的默會知識。有人說，數學是用頭腦理解的背景知識，英語是透過身體感受學習到的默會知識。搭地鐵前往目的地是可以明確表述的背景知識，使用筷子或騎腳踏車則屬於默會知識。區分兩種知識進行教學是不理想的，因為「學習」只有在默會知識的基礎上形成豐富的背景知識時，學習過程才會變得順利。

如果一直都很注重孩子知識教育的父母，就應該了解背景知識與默會知識協調發展的重要性。接下來，讓我們透過一場實驗來了解兩種知識擁有多麼強大的力量。

背景知識與默會知識相遇時發生的事

我們來閱讀以下這段文章：

步驟相當簡單。首先，先將物品按類分組，有時只需分成一組，但這要根據你的需要而定。如果空間不夠的話，可以轉移到其他地方。不需要的話，那準備就就緒了。重要的是，物品不能過多，一次放一點比一次放很多有好處。一旦失誤的話，可能要付出昂貴的代價。雖然乍看之下不覺得重要，但等事情變得複雜後，就會明白原因了。初看這些步驟會覺得很複雜，但很快就會得心應手，這件事也會成為生活的一部分。很難預先看出步驟，以及將來何時不需要做這件事，即使是將來也沒有人能告訴我們。這件事結束後，再將物品按類分組，之後擺放在適當的位置。最後，我們會重新使用這些物品，再次重複以上的步驟。無論怎樣，這都是生活的一部分。

您對這段文章的理解度大概有多少？也許有人覺得讀起來沒意思，乾脆沒讀完。如果用兩種方法讀這段文章，理解度就會出現很大的差異。一種方法是像現在這樣，在沒有任何說明的情況下閱讀，另一種方法是先看過文章的標題後再來閱讀。以這兩種方法分組進行閱讀，讀完後用0～100%來表達各自的理解度。

在不知道標題的情況下，只閱讀文章的小組裡很多人都說「不明白在講什麼」。這些人的理解能力都很好，但理解度卻只有20～30%左右。相反的，事先知道標題的人的理解度則在80～100%。即使以數百名以上的青少年和父母進行實驗，結果也是相似的。

這段文章的標題是「使用洗衣機」。美國心理學家布蘭斯福德和約翰（Bransford and Johnson）針對事先告知「使用洗衣機」標題和未告知的人進行實驗，這項實驗成為引用強調背景知識重要性的重要實驗。知道標題後，再來讀一遍文章的話，原本只有20%的理解度會突然提升到80%。雖然整段文章沒有生疏的單字和複雜的句子，但在不知道標題的情況下閱讀時，很多人都莫名覺得困難。由此可見，如果沒有幫助理解文章意義的背景知識，就算是很容易的內容也會覺得很難，而且會變成新的記憶，誤認為這是一件難事。

現在大家應該理解，背景知識對孩子的學習有什麼樣的影響和重要性。但嚴格來說，如果沒有關於使用洗衣機和洗衣服的默會知識，就算事先知道標題，再怎麼認真閱讀內容也還是很難提高理解度。因此，我們可以再次確認的是，大部分的認知教育內容，都是透過經驗領悟的默會知識為基礎，以有效的方式接受背景知識的程度而決定其結果。特別是4至7歲的孩子用身體體驗、擴展默會知識和背景知識的重要時期。接下來，讓我們詳細地了解4至7歲的孩子是如何掌握這兩種知識。

將記住人物名字與學習連接

父母可以教孩子什麼樣的默會知識呢?自出生以來,所有圍繞孩子的環境都屬於孩子學習的默會知識。父母的一言一行和生活態度,都是孩子在不知不覺中學習的默會知識。比起用語言教授的知識,孩子會從父母身上學習到更多的知識。

自然而然學到的知識,都是在不知不覺中掌握的。義大利的教育家兼精神科醫師瑪麗亞・蒙特梭利(Maria Montessori)強調,在孩子的成長過程中,需要培養孩子的自律性和自發性,成長環境十分重要,感官訓練則是所有神經發育的基礎。事實上,感官發展比智力活動更早形成,4至7歲是感官教育的形成期。我們可以將其理解為肌肉記憶。肌肉記憶是指,即使長時間不使用肌肉,但大腦也會記住肌肉重複的動作,即使經過一段時間仍可發揮其能力。正因為這樣,即使我們幾年不騎腳踏車、游泳和打桌球,但只要重新開始這些運動時,就可以很快恢復之前的運動能力。

不知從何時起,五感教育成了教育孩子的重要組成部分。當然,五感教育的宗旨和意義非常重大，但真正的默會知識，卻需要在現實中體驗。讓孩子去體驗人為創造的環境，不免會遇到局限性。就像玩假沙子和用手觸摸真沙子的觸感差異；只在遊樂區玩耍的孩子，與走在山間看到花草、鳥兒、爬過大樹的孩子，他們所經歷的是不一樣的。希望父母可以回想一下，今天孩子學到了哪些默會知識。

孩子們的默會知識，會以多種形式呈現出來。孩子們具備的神奇能力之一，是能記住卡通人物的名字。沒有看過淘氣小企鵝和機器戰士的家長，會一直搞混人物的名字，就算孩子告訴他們很多次富蘭克林、里莫、奈森、提米、阿克尼和迪魯克這些名字，大人們也記不住。相反的，說話還不清楚的4歲孩子一定不會搞混這些卡通人物的名字。孩子們透過動畫片或遊戲形成關於這些人物的默會知識後，會記住這些名字，進而自然而然地想起故事情節。由此可知，默會知識與背景知識的巧妙結合，讓孩子產生這種神奇的能力。父母應該掌握如何將這些經驗與學習相連的方法。

成長中的孩子，每天都充滿好奇心。到了3歲就會無時無刻地問「這是什麼？

那是什麼？為什麼？」孩子對於新事物的好奇心和探索欲望，已經正式啟動了，他們會像海綿一樣吸收透過看、聽、觸摸所獲得的默會知識，並在用語言發問和回答的過程中，累積背景知識。如果想更積極地幫助孩子體驗這樣的過程，只要陪孩子玩、帶孩子散步、親切地回答孩子的問題就可以了。傳統市場、大賣場、家裡附近的樹林和山，都是最好的學習場所。讓充滿活力的孩子，在肆無忌憚地發問與鼓勵他們發問的氛圍中，可以更加刺激孩子的好奇心和表達欲。告訴孩子各種事物的名稱，講解其用途，就可以與孩子愉快地度過親子時光了。

STEP 3

培養知識的最佳方法——遊戲與閱讀

背景知識＋默會知識＝綜合知識（feat.製造汽車的17歲孩子）

區分理論知識「知道什麼」與實際知識「能做什麼」來進行教育的話，就等於是破壞孩子均衡成長。所謂的知識發展，是指在背景知識與默會知識的相互作用下，實現理論與實際整合的過程。不能只把孩子培養為成績優秀，卻不懂人情世故的人，或者為人處事很在行，卻因為缺乏知識難以進一步成長。為了避免這種情況，就要達到背景知識和默會知識的均衡。換言之，就是幫助孩子學習綜合的知識，並健全地成長。

我們來思考一下學習綜合知識的現實情況。喜歡汽車的孩子，透過圖畫書和各種資料，紮實地掌握汽車的背景知識。我們應該如何讓孩子的知識有更進一步發展呢？可以帶孩子去看汽車展覽，或參加汽車工廠的參觀學習。但即使是這樣，孩子也不可能修理和組裝汽車，所以這時就需要透過遊戲來讓孩子畫出各種汽車、玩汽車的拼圖、利用積木或黏土製作汽車，以及透過角色扮演遊戲全家開車出門旅行。之後，可以更進一步的讓孩子組裝汽車模型，讓孩子擁有直接製造或設計汽車的夢想。培養4至7歲孩子的綜合知識，最實際、最有效的方法就是遊戲。不過要注意的是，應該擺脫因為是孩子，所以要玩孩子的遊戲這種舊有觀念；要建立孩子玩的遊戲，很快會成為現實中具有創意的想法，因此父母應該幫助孩子讓遊戲變成現實。

如何讓綜合知識發展成遊戲呢？讓我們透過17歲才賢製造汽車的故事來了解一下這個過程吧（SBS電視台的《世界有奇事》節目也介紹過才賢的故事）。媽媽說才賢從小就很喜歡汽車，唸國小時只要有空就會畫汽車。有一次，老師斥責上課畫汽車的才賢，誰知他不肯放下畫筆，竟然跑出教室。因為每天畫汽車，不僅越畫越好，就連零部件也都逐一畫了出來。不知不覺間，才賢已經可以畫出汽車內部的引擎和基礎構造了。不滿足於此的才賢，希望可以親手製造汽車，於是升上國中後，他一步步展開了自己的計畫。

才賢從舊貨行和廢車廠買來輪子、輪胎、手推車的車輪、四輪電動車的制動器、腳踏車車把和腳踏板，親手分解、修理機車的引擎以及配線和焊接等工作，還用存下來的零用錢購買各種工具。在這個過程中，才賢透過閱讀書籍和資料自學成才，僅用了一個星期的時間，才賢就完成新手製造的簡易汽車，還放上媽媽親手為他製作的車座。雖然製造這輛可以實際運行的汽車，只用了一個星期的時間，但如果沒有從邊玩邊學中掌握的知識，就無法實現這件事。才賢在成長的過程中，充分地掌握關於汽車的背景知識，透過觀察和經驗累積默會知識。就連汽車製造專家也對才賢製造的汽車讚嘆不已，才賢還因此有了30歲以前要成為汽車公司CEO的夢想。

才賢的才能和製造汽車的整個過程令人驚嘆，但孩子在實際成長的過程中卻遇到許多的問題。滿腦子只想著汽車的才賢，對上課內容絲毫不感興趣，所以成績一落千丈。不僅如此，上課時間還會衝動地跑到黑板前畫汽車。站在父母的立場看，只喜歡汽車，不喜歡學習而且缺乏自我調節力的孩子，教人傷透腦筋。但最重要的是，即使是在這種情況下，父母依然很支持才賢。在製造汽車的過程中，才賢意識到學習的必要性，於是把精力重新放在學業上，短短六個月的時間就取得優異的成績。才賢這樣說道：

「因為我想學習，喜歡上學習的話，就會像想製造汽車一樣取得成果。學習就是這樣開始的，所以很快就提高成績了。」

雖然小時候不覺得同時發展背景知識和默會知識有多重要，但仔細觀察在某一個領域取得令人刮目相看的成果的人，就會發現這些人小時候在自己喜歡的事情上傾注的熱情，以及獲得綜合知識的過程。然而，這個過程的核心是在4至7歲期間透過玩遊戲和閱讀奠定。如果大家期待有什麼了不起的方法可以培養綜合知識的話，那可能會令大家大失所望。但絕不能小看玩遊戲這件事，玩遊戲並不是簡單和單純的娛樂。遊戲所具備的強大力量，會超乎想像的幫助到孩子成長，所以我們不能用「隨便玩就好」的態度來貶低遊戲的價值。如果孩子在4至7歲期間充滿了玩遊戲的記憶，並且豐富綜合知識的話，長大後的他們會有多自由、多從容不迫呢？希望大家的孩子都可以這樣長大。

接下來，讓我們依次了解遊戲的重要性，並且仔細觀察玩遊戲是如何培養綜合知識的。如果能在了解學者們研究的遊戲特性後陪孩子玩遊戲，不僅對孩子的情緒發展有幫助，還可以帶動孩子的認知發展與成長。

遊戲的無限影響力

在幼兒教育中，玩遊戲被定義為既是「最棒的教育教具」，同時也是「發展心理特徵基礎的最佳教育方法」。眾所皆知，玩遊戲並不只局限於情緒發展，很多研究顯示，4至7歲玩遊戲的經驗都與學習有很緊密的關係。但要注意的是，如果只是表面上跟孩子玩遊戲，卻以玩遊戲之名強迫孩子學習的話，反而會適得其反。此外，玩遊戲還會幫助4至7歲的孩子自然而然地學會扮演社會角色。接下來，讓我們來了解各種遊戲的價值和效果，與能夠增進情緒和認知效果的遊戲。

遊戲的價值與效果

作用	內容
發展作用	・在與父母玩遊戲的過程中，發展出安全依附和社會相互作用能力。 ・透過各種感情表達和主導性的嘗試，培養孩子調節情緒的能力。 ・透過愉快且持續的遊戲，讓孩子感受到自我價值，增進自信心。
教育作用	・透過玩遊戲探索環境，學習知識和概念。 ・在玩遊戲的過程中，掌握數字、分類、排序、空間、時間和保存的概念。 ・透過自由解決問題的經驗，促進想像力和創造力。
治療作用	・透過玩遊戲發洩情緒，治癒心靈創傷。 ・理解自己與他人，產生共鳴。 ・透過共鳴與接受的經驗，培養健康的自我意識和自尊心。

一個孩子和媽媽玩扮家家酒。孩子扮演媽媽，媽媽扮演孩子。媽媽模仿孩子平時愛發牢騷，遲遲不肯做事的樣子說：「媽媽，幫我！」。孩子透過平時觀察媽媽的一言一行十分投入的扮演媽媽的角色。孩子扮演媽媽的角色會說：

「吃完飯，要刷牙。」

「我不要，我討厭刷牙。」

「不行，要刷牙，不然會長蛀牙。」

「我不要。媽媽小時候不是也討厭刷牙。我也不要刷牙。」

「媽媽有乖乖刷牙，所以妳也要乖乖刷牙。」

孩子在扮演媽媽的角色時，融入了媽媽平時教育孩子時講的話。像這樣玩扮演角色遊戲，會對孩子產生怎樣的影響呢？孩子透過這種遊戲可以學到什麼呢？玩扮家家酒的那天晚上，孩子吃完飯後竟然主動刷牙了。透過扮演媽媽的角色，孩子明白了媽媽的想法，知道自己該做的事情。之前吃飯完都要叫孩子刷牙，自從玩過扮家家酒後，孩子就會主動刷牙了。

在父母的舊有觀念中，教育就是一直說明。但4至7歲的孩子卻不是這樣學習的，他們需要邊玩邊學，玩遊戲就是學習。對孩子而言，真正的教育是盡情地玩耍，「體驗」過程。在玩角色扮演遊戲時，會體驗豐富的感情和想法，有所領悟並且成長。所以遊戲應該填滿4至7歲孩子的生活，讓遊戲自然而然地成為教育。

在玩遊戲時，必須注意：不能把玩遊戲和教育相結合視為問題，也不能把玩遊戲看成是解決問題的萬能鑰匙，認為只要玩遊戲孩子就可以順利地成長。健康的遊戲才會對情緒和認知發展產生作用，而且遊戲的主人翁不是父母或老師，而是孩子。正因為這樣，最重要的是要讓孩子自發、主導玩遊戲。父母的角色只限於尊重孩子的意見，並且為了幫助孩子提供輔助的意見。

此外還要強調的一點是，孩子不會自然而然地玩遊戲，玩遊戲也需要教與學的過程。大家想一想自己小時候玩過的遊戲吧，我們也是透過看別人玩遊戲來學習怎麼玩，從失誤和違反遊戲規則中，慢慢學會遵守遊戲規則。玩遊戲的每一個瞬間都是學習怎麼玩的過程。父母應該先了解這一點，然後再教孩子如何玩遊戲，並以此為基礎培養孩子的綜合知識，做一個健康玩遊戲的人。但這絕不代表可以對孩子一下達指示，學會邊玩邊學的方法才是最重要的。

新冠病毒帶來的環境變化，對孩子造成致命性的影響，以往戶外和室內遊戲環境幾乎都消失了，所以現在需要父母來引導孩子到戶外玩遊戲、在家裡玩遊戲、跟朋友玩遊戲，以及自己一個人玩。雖然帶孩子玩遊戲已經成為父母的責任，但也無需覺得太有負擔。因為只要孩子學會怎麼玩，知道玩遊戲的樂趣，且能自發地主導玩遊戲之後，就算環境改變，沒有大人的介入也可以持續下去。不僅如此，即使是在改變的環境中，孩子也能根據環境自創遊戲。培養孩子具備這種玩遊戲的能力，正是4至7歲孩子的父母應該做的最重要的事情。接下來，讓我們具體看一下，在新冠疫情之後，我們應該教孩子玩什麼遊戲，並且幫助孩子享受玩遊戲。

培養綜合知識的10種遊戲

對孩子而言，遊戲就是食物、就是生命。無論學什麼，最好都透過遊戲來學習。為了確保均衡的情緒和認知發展，培養孩子具備一生的學習能力，我們在培養孩子綜合知識的同時，最好也能教孩子具有發育和治療意義的遊戲。既有趣又能培養綜合知識的核心，是透過遊戲讓孩子獲得成就感。雖然不是所有的遊戲都可以獲得成就感，但我們可以從接下來介紹的遊戲中拓展出更好的想法。就讓我們先把急切進行認知教育的心，或是因過早教育孩子而產生的愧疚，先放在一邊，以平穩的心態陪孩子好好玩遊戲吧。

知識遊戲①

把孩子的畫放進相框，當作一幅作品

孩子無時無刻不在畫畫。畫畫成了父母在忙碌的育兒生活中，得以喘歇的好遊戲。從現在開始，我們可以有效利用孩子的畫，來提高他們的畫畫水準。

・遊戲方法

孩子畫畫時，父母可以時不時稱讚孩子的模樣和態度。這一點很重要。只有這樣，孩子才會持續畫下去。

「你在一邊想一邊畫啊。集中精力畫畫的樣子好帥氣喔。顏色塗得好仔細啊。」

詢問孩子是否畫完。不僅要稱讚孩子的畫，還要稱讚完成一幅畫的執行力。但請不要用一句話敷衍了事，而是要具體地稱讚圖案、顏色和孩子付出的努力。

「畫完了嗎？畫得真認真。畫得很有特色，顏色也很棒，你很用心沒有把顏色塗在外面。」

接下來，把孩子的畫貼在特定的場所。可以準備漂亮的相框，把孩子的畫放在相框裡掛在牆上或顯眼的地方，這會大大提高孩子的成就感。讓孩子和自己的畫合影，傳訊息或SNS分享給家人，再把大家的稱讚轉達給孩子。

每個月也可以在客廳為孩子舉辦一次畫展。為了準備畫展，讓孩子給每幅畫加上標題和說明。父母最好幫助孩子把標題和說明寫下來，貼在每幅畫的下面。湊滿十張左右就可以辦畫展，還可以製作畫展邀請卡，邀請一兩位小朋友來家裡玩。

・注意事項

千萬不可插手孩子的作品，不要給孩子忠告或訓誡，要讓孩子獨立完成。等完成之後再來提問為什麼那樣畫，或為什麼用那種顏色也為時不晚。即使孩子只是隨意畫的，但在一問一答的過程中，孩子也會思考並表達出來。這樣做可以提高孩子的獨創性、個性和自信心。

・應用遊戲

讓孩子拍照片，用照片製作成圖畫書。利用父母不再使用的智慧型手機教孩子拍照，沖印出照片放入相框也可以。人物、風景或物品照片都可以變成作品集。看到自己拍的照片製作成一本圖畫書時，孩子會很有成就感。這樣一來，孩子會更享受做這件事，也會強化動機，進而漸漸地體驗投入做事的樂趣。

知識遊戲②

麵團遊戲結束後，製作麵疙瘩或刀削麵

麵團遊戲是孩子們很喜歡的一種遊戲。特別是在對五感遊戲關注度頗高的當下，即使麻煩，但很多父母也願意嘗試麵團遊戲。既然陪孩子玩了麵團遊戲，那不妨延伸一下，製作麵疙瘩或刀削麵等可以吃的食物。讓孩子挑戰原本以為只有父母可以做的事情時，會大大提高孩子的興趣。實際的經驗，會對孩子累積知識有很大的幫助。

・遊戲方法

先把手洗乾淨。如果先告訴孩子麵團遊戲的目的是製作麵疙瘩或刀削麵的話，孩子會更加遵守規則。當然，孩子因為不熟練，難免會失誤。父母要做好心理準備，孩子會把麵粉弄的到處都是，把周圍搞得一團糟。即使每個月只玩一次，孩子也會記住這件事。

・注意事項

另外準備孩子用的麵團和孩子用的小刀，讓孩子親手揉麵團和切麵團。父母不要碰孩子做的東西，如果父母插手幫孩子做出更好的形狀，孩子就不會覺得是靠自己的力量完成的，所以就算孩子做得不好，也不要插手。這時可以更進一步的說明，幫助孩子提高完成度。最重要的是，即使孩子沒有完成，也要無條件地給予支持。父母可以邊做邊告訴孩子，麵可以再薄一點，用溝通的方式來幫助孩子。

・應用遊戲

黏土玩麵團遊戲對於孩子情緒的穩定幫助很大。在小托盤上薄薄的鋪上黏土，然後在黏土上寫字或畫畫。透過在黏土上寫字或畫畫，再把黏土揉成團重新來過的過程，既可以穩定情緒，還可以訓練孩子的動作力量，與此同時還可以進行認知遊戲。

知識遊戲③

從遊戲場回來後，畫遊戲場的設計圖

「角色取替」能力，是指既了解自己的感受和想法，也能理解他人的感受和想法的能力，也就是我們常說的「換位思考」能力。4至7歲的孩子處在尚未形成角色取替能力的階段，所以無法理解自己與他人的觀點不同，只會以自我為中心進行思考，認為別人都和自己一樣，但並不是所有的孩子都這樣。從小培養孩子拓展視野，多多參與活動，接觸不同的情況，有助於幫助孩子漸漸形成這種能力。

・遊戲方法

畫一個孩子經常去的遊戲場。四角形的遊戲場裡，有孩子喜歡的鞦韆、溜滑梯和翹翹板。讓孩子思考這些設施的位置，並畫出來。這時，讓孩子專注畫畫最好的方法是，父母也陪孩子一起畫畫，但要分開畫在不同的紙上。畫畫時，父母最好以搞不清楚狀況的語氣與孩子展開對話，以此來刺激孩子的好奇心和興趣。另外，還要看著孩子的畫，給出肯定的訊息。

「鞦韆在哪裡？怎麼畫呢？媽媽畫不好。啊！應該像你那樣畫。」

「溜滑梯呢？翹翹板呢？好像還有運動器材，但位置在哪裡呢？」

「哪個遊戲設施最大呢？」

透過這樣的對話，孩子會在腦海中回想整個遊戲場，回想出各個遊戲設置的位置，並且畫出來。像這樣，動腦畫出理解的空間，不僅可以開闊孩子的視野，還可以促進五感的活動。

・注意事項

4至7歲孩子畫的設計圖可想而知，即使不滿意孩子不成熟的表達也無濟於事，所以為了幫助孩子逐步完成設計圖，父母可以展示自己的畫，讓孩子跟著畫。一步一步模仿父母畫，不知不覺間孩子也能完成屬於自己的設計圖。

・應用遊戲

畫出從家到便利商店的地圖，或散步路線圖。父母可以掌握孩子對什麼感興趣，對理解孩子內心的想法也很有幫助。還可以畫三張地圖貼在牆上，居住的社區地圖、國家地圖和世界地圖。看著地圖，用手指指出超市、圖書館、遊戲場和奶奶家等孩子去過的地方，會對認知發展有很大的幫助。

知識遊戲④

用筷子吃零食

美國的未來學家艾文・托佛勒曾經說：「使用筷子的民族將支配二十一世紀的資訊化時代。」因為使用筷子，不僅會用到手指、手掌、手腕、手肘等三十多個關節和五十多塊肌肉，同時還需要手眼的協調能力。使用筷子，不但可以培養動作能力，最終還可以促進大腦發育。全世界只有韓國使用鐵筷子，用鐵筷子比用木筷子更需要集中注意力。

・遊戲方法

使用筷子等於是默會知識，因此很難用語言來教孩子如何使用筷子。吃飯的時候教孩子使用筷子往往會產生副作用，所以建議先教孩子夾零食，可以先從容易夾住的零食開始，例如洋蔥圈，之後再來慢慢挑戰難夾的零食。用筷子吃零食，不僅孩子會覺得很有趣，也能熟悉使用筷子的技巧。可以先從使用木筷開始，之後再來挑戰鐵筷子，還可以剪刀石頭布，按順序和孩子比賽誰夾的多。如果孩子覺得難，可以先讓孩子使用兒童學習筷，然後再慢慢換成一般的筷子。在玩遊戲時，最重要的是對話，要告訴孩子沒有人夾一兩次就能學會使用筷子，每天練習十次，一年之後才能學會。這樣孩子就不會輕易放棄了。

・筷子用法

①將一隻筷子放在無名指上，夾在拇指與食指之間。

②另一隻筷子放在中指上，用拇指和食指捏住。

③只移動筷子尖。

「對，就是這樣。做得很好。學媽媽這樣動一下吧？做得真棒。」

「每天這樣練習十次的話，很快就能像媽媽、爸爸一樣了。」

「一開始誰也夾不好的，還會把筷子掉在地上。媽媽小時候也是這樣學用筷子的。」

「聽說經常練習用筷子會變得聰明喔。」

「多運動手指，以後什麼事都能做得更好。」

・注意事項

筷子夾豆子是大家經常玩的遊戲。但這太難了。對於4至7歲的孩子而言，玩遊戲的核心是體驗成就感，而不是經歷挫敗。怎麼能玩連大人都覺得很難的夾豆子遊戲，讓孩子產生心理陰影呢？其實，使用筷子是非常難的事情。不停地講解方法，只會下意識地提高嗓音，反覆練習才是最好的方法。切記，即使孩子總是失誤、失敗，也要稱讚孩子。

・應用遊戲

利用筷子玩算數遊戲。手握20～30隻木筷子，然後撒在地上。按照順序，一個人拿起一隻筷子，但不可以碰到其他的筷子。若拿起筷子時，碰到其他筷子就算無效。為了不碰到其他的筷子，需要用眼睛觀察和小心謹慎地動手，因此會提高手眼的協調能力。沒有可以抽出的筷子時，可以打亂筷子，重新開始。父母先做示範，孩子也會開心地跟著做。遊戲結束後，按照抽出的筷子數來計算分數。如果是對數字感興趣的孩子，可以用彩色膠帶在筷子上做出標記，紅色1分，黃色3分，藍色5分，以此練習計算分數。

知識遊戲⑤

觀察物品，數數畫表格

吃零食和玩球時，也像運動比賽一樣排名、畫表格，有助於培養孩子的綜合知識。記錄新冠病毒確診患者時，比起單純的數字，製作一週或一個月的圖表更有助於理解感染趨勢。表格和曲線圖具有客觀的觀察力。不妨和孩子一起來畫表格吧。

・遊戲方法

把孩子的玩具分類，製作表格。玩具的數量多也沒有關係。這樣不僅有助於提高孩子的數感，還可以讓孩子知道自己擁有多少玩具。表格大致如下：

〇〇的玩具目錄

種類＼個數	1	2	3	4	5
娃娃	○	○	○	○	
汽車	○	○	○	○	○
機器人	○				

・注意事項

父母最好先畫好觀察遊戲所需的表格。孩子最初對表格沒有概念，可能連數字也寫不對地方，但反覆幾次以後就會熟練了，之後可以有耐心地幫助孩子一起製作表格。

・應用遊戲

測量距離。玩投擲遊戲時，可以利用步伐或捲尺測量各自投擲的距離。想要更進一步的話，還可以利用迷你秤秤量物品的重量，這樣不僅有助於增強孩子的數感，還會提升孩子的數學能力。在不同的情況下，使用各種測量工具會更有幫助（如：30公分、2公尺、5公尺捲尺，天平，料理秤，量杯，1分鐘、5分鐘的沙漏計時器等）。

知識遊戲⑥

邊吃東西邊猜食材

孩子喜歡的食物多種多樣，一種食物會使用多種食材。如果孩子喜歡蔬菜和火腿的話，可以看著火腿說：「這是什麼？好像胡蘿蔔喔。」

・**遊戲方法**

做咖哩飯的時候，和孩子一起玩猜謎遊戲，問孩子咖哩飯裡還可以加什麼食材。讓孩子猜食物裡加了哪些食材，有助於孩子思考。不會思考這些的孩子到了國小時，就只知道咖哩飯裡有加入紅蘿蔔、馬鈴薯和肉。無論孩子多小，只要使用正確的教育方法，都可以具備出眾的思考能力。

・**注意事項**

孩子也有不喜歡吃的食材。當孩子發現自己喜歡吃的義大利麵裡加了不喜歡的紅蘿蔔時，反而連義大利麵也不吃了。原本想讓孩子吃紅蘿蔔，結果孩子對自己喜歡吃的食物也產生了反感。這時可以根據孩子的反應，如實告訴孩子，或適當的隱瞞過去。

・**應用遊戲**

可以擴展讓孩子知道自己喜歡的玩具是什麼材料，更進一步的，讓孩子推測玩具是如何製作而成的。這也是非常棒的思考能力遊戲。

知識遊戲⑦

取名字遊戲

讓孩子幫自己的畫作、用積木做的城堡、用黏土做的汽車取名字。只要是孩子親手做的東西，都可以讓孩子幫它們取名字，還可以為自己的行為命名。如果用孩子的畫製作成圖畫書，可以讓孩子決定書名和出版社的名字。在這個過程中，孩子會為了用語言表達而左思右想。取名字遊戲有助於孩子提高語言能力。

・遊戲方法

透過下面的例子來了解取名字遊戲的方法。5歲的孩子正在看有很多照片和圖片的百科辭典，到了該計畫遊戲的時候，孩子還想繼續看書。

老師：老師幫你在這一頁貼一張便利貼（孩子聽到老師的話，拿起書裡的書籤線）。

老師：哇，還有這種東西。這叫什麼啊？

孩子：不知道。
老師：是喔？那我們來給它取一個名字吧？
孩子：線。
老師：什麼線？
孩子：看書的線。
老師：哇！很棒的名字。那以後我們就叫它看書的線？
孩子：不，叫書籤線。
老師：為什麼？
孩子：因為字少，更容易記住。
老師：嗯，書籤線的確更簡單、更好記。
孩子：太好了，那以後就叫它書籤線。

另一個6歲的孩子在玩桌遊時，既遵守遊戲規則，也很會照顧其他小朋友，於是老師稱讚了他。聽到老師的稱讚，孩子給自己取一個綽號叫「遊戲達人」。老師問孩子，這是他的綽號嗎？孩子說是自己剛剛取的。像這樣，有過幾次取名字的經驗後，孩子就會產生更好的想法。看到孩子透過語言累積知識的樣子，誰都會露出笑容的。

・注意事項

4至7歲的孩子會取很簡單或很莫名其妙的名字，但不管取什麼名字都應該支持孩子，並且記錄下來。把童謠的歌詞換成孩子取的名字也是一種很有趣的遊戲。

・應用遊戲

既然取名字需要思考事物的本質，並且使用熟悉的單字，那麼也可以為自己的家、家裡的汽車取名字。與孩子愉快地交流時，不妨嘗試這個遊戲。

知識遊戲⑧

說話遊戲

知識就是語言，語言是孩子的表達方式。若想表達什麼，需要先了解自己的感受和想法，再經由思考後講出來。正因為這樣，語言在孩子的認知發展中，扮演著非常重要的角色。

・遊戲方法

說話遊戲的種類繁多，大家應該都知道像是接字、說出物品名稱、說出以特定的字開始或結尾的單字、傳話和正話反說等的遊戲。但不知為何，似乎很多父母都覺得麻煩，不喜歡和孩子玩這些遊戲。

・注意事項

我們看綜藝節目裡的藝人說錯國家的首都，或是連小學生都知道他卻不知道的常識時，並不會感到驚訝，因為我們知道他們是在玩遊戲。所以看到孩子出錯時，最好也能以玩遊戲的心態一笑置之。孩子記不住昨天學會的單字或講不清楚話的時候，父母的確會很生氣，但還是要愉快地接受現實。只有這樣，孩子才能享受玩遊戲，透過反覆的說話提高語言能力，收穫最好的成果。

・應用遊戲

如果不怕麻煩的話，可以製作字卡陪孩子玩釣字卡遊戲。還可以玩搜集三個字或四個字單字的遊戲，這種遊戲有助於孩子識別音節，提高閱讀能力。玩找出字數相同的單字遊戲，對孩子練習識字和閱讀也非常有效。

・找出字數相同的單字遊戲

①準備四個小碗或小籃子，分別標記為1個字、2個字、3個字和4個字。用四種顏色的色鉛筆、色紙或數字寫都可以。

②父母說出一個單字後，孩子數字數後放入相應的小籃子裡。

知識遊戲⑨

二十個問題遊戲

從5歲開始，孩子應該玩需要動腦的遊戲。獲得滿足感的遊戲仍然很重要，但玩一些培養認知的遊戲，才能達到均衡發展。在這個過程中，孩子可以體會到學習和思考的樂趣。不僅如此，4至7歲期間，透過說話還可以最大限度的累積背景知識和默會知識，遊戲可以最有效果地培養語言和思考能力，其中最棒的遊戲就是二十個問題遊戲。

・遊戲方法

二十個問題遊戲，是一種最多只能提出二十個問題，且只能以「是或不是」作答的機智問答遊戲。提問的人在本子上寫出實物或動物的名稱，然後闔上本子。猜題的人提出問題，但提問的人只能回答「是或不是」。

「是生物嗎？」「是。」

「是植物嗎？」「不是。」

「是動物嗎？」「是。」

「四條腿走路嗎？」「不是。」

「兩條腿走路嗎？」「是。」

「是鳥嗎？」「是。」

「在家裡也可以看到嗎？」「不是。」

「你親眼見過嗎？」「是。」

「在動物園嗎？」「是。」

「是老鷹嗎？」「不是。」

「顏色漂亮嗎？」「是。」

「是紅鶴。」「答對了。」

在最大範圍內透過「是或不是」進行有邏輯的思考，逐漸縮小範圍，這時孩子會動用自己累積的知識。以前孩子會聚在一起玩這種遊戲，但現在卻成了補習班的學習方法。如果父母在孩子4至7歲期間陪孩子玩這個遊戲的話，會大大提高孩子的邏輯思維能力。

· 注意事項

最好先讓孩子選擇一種實物或動物，畫在或寫在紙上，然後由父母提出問題。透過反覆的提問，孩子會很容易沉迷在遊戲中。但也可以由父母先來做示範，媽媽寫出今天想吃的食物後，讓爸爸和孩子來提問也會很有趣。

提問的順序很重要，要按照邏輯從大範圍漸漸縮小範圍。這樣做有助於孩子集中思考，制定解決問題的戰略和遵守規則的能力，這種有助於思考和計畫的遊戲，對大腦發育也很有幫助。

· 應用遊戲

根據孩子的理解程度，可以提高遊戲難度，將問題減少到三個、五個或十個。也可以用兩三句話說明實物或動物的具體特徵後，讓孩子來推測答案。

知識遊戲⑩

角色扮演遊戲

如果是4至7歲孩子的父母，就要非常重視角色扮演遊戲。扮演爸爸、媽媽、警察、消防員或老師等角色的遊戲，不僅有助於孩子理解該角色的意義和行動方式，還可以透過理解對方的立場，協調狀況，提高社會合作能力和思考能力。

角色扮演遊戲，也對心理成長有很大的幫助。在以有分離焦慮的孩子為對象的實驗中，讓孩子扮演媽媽送娃娃去幼稚園和接娃娃回家後，發現孩子的焦慮減少了。玩遊戲時，可以幫助孩子克服分離焦慮的有效方法是，教孩子送走娃娃時說：「媽媽愛你，我會在家等你。」然後在指定的時間接娃娃回家時說：「時間到了，我要去接寶寶了。」這種角色扮演，可以幫助孩子練習應對心理的焦慮。

美國心理學家珊卓・露絲（Sandra Russ）指出，4至7歲期間玩角色扮演遊戲是最好的教育，並且強調孩子會透過遊戲想像自己的故事，在尋找表達方法的過程中，不僅可以培養創意和想像力，還可以提高解決問題的能力。

・遊戲方法

遊戲方法很簡單。讓孩子扮演自己喜歡的角色，父母隨機應變與孩子展開對話。在扮演老師的遊戲中，孩子扮演老師，媽媽扮演孩子。

「老師，我不會畫，太難了。」
「老師，我想回家。」
「老師，小朋友說不跟我玩。」
「老師，這個怎麼用？」

像這樣，扮演孩子的媽媽提出問題，聽到扮演老師的孩子的回答後，持續展開對話就可以了。孩子會利用自己掌握關於老師的知識努力扮演角色。這時，孩子在理解老師立場的同時，也會達到糾正自己行為的效果。透過這樣的過程，孩子可以大大提高專家們強調的思考能力、想像力和創意力。

・注意事項

請不要以教育為目的，提出太難的問題。切記做任何遊戲時，最重要的是讓孩子開心、滿足。

·應用遊戲

可以扮演的角色是無窮無盡的，光是孩子好奇的對象就有很多。除了各種職業、爸爸或媽媽、爺爺或奶奶，其中最有效果的是扮演英雄，因為孩子喜歡模仿自己喜歡的人物。但在扮演鋼鐵人或蜘蛛人的時候，可能會做出帶有攻擊性的行為。這時，父母就要幫助孩子看到鋼鐵人努力製造機器人、蜘蛛人專注學業和他們勇敢幫助他人的一面，以及孩子沒有注意到的其他角色。這樣一來，角色扮演遊戲才會更加豐富有趣。

閱讀的無限影響力

讓我們來了解一下另一種培養綜合知識的最佳方法——閱讀。正如前面多次提到的，累積背景知識最好的方法就是閱讀。閱讀可以幫助我們間接的體驗各種故事，並且學習到知識。不僅如此，閱讀還對形成默會知識有很大的幫助。雖然不是親身去經歷，但在閱讀的過程中，我們會經歷與登場人物相同的心理變化，並對人物感同身受。儘管如此，這並不表示只要讓孩子閱讀就可以了。因為如果在現實中無法體驗從書中獲得的知識，那麼知識就會受到限制。

我們來比較一下關於雞和雞蛋的學習方法。假設有兩個孩子在看主題是「雞與雞蛋」的書，一個孩子親眼見過雞蛋孵化成小雞的過程，而且還養過一段時間小雞。但另一個孩子就只知道炸雞和煎蛋。將兩個孩子進行比較的話，我們不難推測出，哪個孩子更快掌握關於和記住雞與雞蛋的知識，拓展出更有創意的想法。

由此可見，教育不應該偏向於任何一邊，而是要把透過閱讀獲得的知識，與透過遊戲獲取的經驗結合在一起，形成綜合知識。孩子會在看書時產生興趣，也有可能因為先產生好奇，而後才想看書。但順序並不重要，重要的是，要陪孩子做一些與書中內容相關的遊戲。書不僅是心靈的資產，也是思考能力的基礎。

4至7**歲期間的閱讀核心是讓我們的孩子成長為喜歡閱讀的孩子。在此我要強調的是，父母為孩子讀書的態度，決定了孩子是否喜歡閱讀。**既然如此，那4至7歲期間應該使用什麼樣的閱讀方法呢？如何為孩子讀書才能正面地影響孩子，並且讓孩子更好的成長呢？

如果已經開始為孩子讀書了，那不妨先檢查一下自己的方法是否正確。檢查的方法很簡單，在為孩子讀書時，觀察孩子的態度就可以了。如果孩子很期待和喜歡閱讀時間，那就證明孩子很享受閱讀，而且從閱讀中獲得了情緒和認知上的幫助。相反的話，就證明閱讀方法有問題，這時孩子不僅不會獲得幫助，反而會產生不喜歡閱讀的副作用。即使客廳裡堆滿孩子的書籍，孩子反而會對閱讀失去興趣。父母應該中斷現在的方法，重新開始。

孩子會憑藉與生俱來的發展潛力去成長，所以只要選擇正確的方法，孩子就會與親子共讀的父母形成健康的安全依附，感受到情緒安全感，將透過書籍學習到的知識，牢固地儲存在記憶裡。成長為喜歡閱讀的孩子，不僅對孩子本身，對父母而言也是一件好事。正因為這樣，我們更應該了解如何有效的幫助4至7歲的孩子喜歡閱讀，讓他們成長為一生都親近書籍的人。接下來，讓我們用4至7歲期間最可取的閱讀方法，來引導孩子主動走進書籍的世界吧！

培養綜合知識的10種閱讀法

知識閱讀① 讓孩子盡情享受讀者的權利

為了讓孩子享受閱讀的樂趣且喜歡閱讀，首先要培養孩子正面的閱讀態度。簡單來講就是，既要喜歡閱讀也要懂得玩耍。對閱讀的正面態度不僅可以提高孩子的閱讀能力，還會成為深入探索世界的強大動力。因此為4至7歲的孩子讀書，應該成為一件讓孩子覺得開心、有趣的事。但很多父母在為孩子讀書時，受錯誤的舊有觀念影響，覺得「讀書時，孩子卻做別的事。」、「總是翻書，根本不聽。」因為是孩子，所以理所當然會做出這樣的行動，但父母卻覺得這是問題，並且要求孩子改正。遺憾的是，就是從這時開始，孩子對書籍產生了反感。其實，這是源自於父母對閱讀的錯誤觀念而產生的問題。

現在讓我們以全新的觀點來思考一下閱讀。如果從「讀者的權利」來看孩子的行動，不僅很容易理解，而且還能從容對應。法國作家丹尼爾・貝納（Daniel Pennac）強調十項讀者的權利（The Rights of the Reader）。

①不讀書的權利
②跳頁閱讀的權利
③不把書讀完的權利
④重讀的權利
⑤隨意閱讀任何一本書的權利
⑥把書想像成現實的權利
⑦無論在哪裡都可以閱讀的權利
⑧細細品味喜歡的內容的權利
⑨大聲朗讀的權利
⑩讀後沉默的權利

喜歡閱讀的大人已經充分地享受這些權利，但幾乎沒有父母允許孩子享受這些權利，這是為什麼呢？因為不想閱讀、跳頁閱讀、隨意在哪裡閱讀、只閱讀自己喜歡的內容等，都是父母誤以為有錯的舊有觀念。如果讓大家必須坐在書桌前，閱讀自己不感興趣的書籍，並且要按順序從頭讀到尾的話，會怎樣呢？一定會產生反感。既然我們都這樣了，更何況是成長中的孩子呢。所以請理解並記得，要先讓孩子享受讀者的權利，這樣才能讓孩子更親近書籍。

知識閱讀② 消除對於閱讀偏食的誤會，幫助孩子選擇書籍

要讀多少種不同類型的書呢？孩子只讀自己感興趣的主題，這樣沒關係嗎？父母在為孩子挑選書籍時，總是會苦惱這樣的問題，擔心孩子是不是閱讀偏食。但閱讀偏食的說法並不適用於孩子，世上哪有不閱讀偏食的人呢？雖然孩子只讀特定的主題或類型教人擔心，但這都是杞人憂天的事罷了。比起擔心孩子閱讀偏食，父母更應該擔心的是如何引導孩子成長為成熟的讀者。如果孩子只喜歡特定的主題或類型，父母反而應該覺得開心，然後思考更進一步引導孩子閱讀的方法。

選擇孩子感興趣的書籍，是邁出成為成熟的讀者的第一步。孩子們的興趣愛好各不相同，有的孩子對公主的故事感興趣，有的孩子則喜歡汽車或恐龍、機器人或

外太空，還有的孩子喜歡推理和冒險的故事。**擺脫必須閱讀不同類型書籍的舊有觀念，幫助孩子更深入地挖掘自己喜歡的主題，這過程非常重要。**如果孩子只讀恐龍主題的書籍，那可以從有恐龍登場的知識書逐步擴展到以恐龍為主人翁的童話書，以及講解恐龍的歷史、與地球和人類相關的歷史書。更進一步的話，還可以為孩子讀挖掘恐龍骸骨的故事、觀察恐龍骸骨想像復原恐龍模型的人是誰、之後恐龍研究的發展和以恐龍為主題創造的各種產業。即使是一個主題也可以像這樣無限延伸，翻閱收錄大量照片和圖畫的百科全書也很有幫助。因此，即使孩子只喜歡特定的主題，也沒有必要擔心。

知識閱讀③ 把書籍與快樂的記憶結合在一起

4至7歲期間，只有讓孩子把書籍與快樂的記憶結合在一起，才能讓孩子喜歡上書籍。孩子會把父母溫柔的聲音、微笑和有溫度的互動與書籍結合在一起，每天都最期待父母為自己讀書。唸國小的孩子，不喜歡閱讀的最大原因是閱讀變成了任務，進而覺得閱讀就像寫作業一樣又無聊又難。翻開書，想到還要寫讀書心得，就會倍感壓力。我們都不希望孩子產生這種負面的情緒。

應該讓孩子在閱讀時，聯想到媽媽溫暖的體溫、爸爸堅實的懷抱、有趣的故事、父母溫柔的聲音、面帶笑容的表情。只有這樣，翻開一本書時，孩子才會覺得輕鬆愉快。製造這種書籍與記憶的結合十分重要，越是擁有快樂的記憶，孩子越會持續閱讀。即使以後一個人看書時，這種記憶也會引導孩子一生與書為友。**父母最好一直為孩子讀書到國小三年級，因為孩子尚缺乏閱讀所需的集中力和理解力，如果讓孩子一個人看書的話，孩子很有可能覺得困難，而漸漸遠離書籍。**

知識閱讀④ 從書籍擴展到遊戲

以書的內容為媒介，擴展出多種多樣的遊戲，有助於孩子在閱讀和遊戲中同時成長。孩子可以結合書籍的內容畫畫、製作小發明、唱歌、演奏樂器、玩角色扮演的遊戲等，書籍可以擴展出無窮無盡的遊戲。「在哪本書裡選擇什麼樣的內容呢？」、「如何能讓孩子親近書籍呢？」其實，孩子自己知道這些問題的答案。喜歡畫畫的孩子會畫畫，喜歡對話的孩子會講故事，喜歡動手的孩子會製作小發明，父母只要幫助孩子透過自己喜歡的事表達出來就可以了。無論什麼書，最重要的是父母陪孩子一起參與活動。讀完一本童話書後，孩子會模仿書中的人物，也可以和父母玩扮演書中角色的遊戲。只要以「更有趣、更愉快」的心態開始閱讀，就可以成功地從書籍擴展到遊戲。

知識閱讀⑤ 讀書後畫畫

讀書後畫畫，是所有的孩子喜歡和享受的一種遊戲方法。因為要畫出書中的內容，孩子會回想故事，父母只要幫助孩子以自己表達的方式，重新組成故事再畫出來就可以了。

以下是書籍繪畫的方法。父母可以從中任選其一，幫助孩子畫畫。這種遊戲能夠激發孩子的興趣，培養孩子的思考能力和集中力。

・畫出喜歡的場面。
・影印出孩子喜歡的場景，製作對話框，嵌入台詞。

孩子尚不識字或不想寫的話，父母可以幫助孩子。這時不可以更改孩子講的話。幾年後再來看這些畫的時候，可以感受到孩子當時的心境。

・畫出主人翁或孩子喜歡的角色。

・重新為書取書名，重畫封面。

・製作四格漫畫：可以利用圖畫紙分為橫豎兩格，也可以利用四張色紙來製作。

・修飾主人翁或登場人物：在一張大紙上畫出主人翁或登場人物，為人物畫出有趣的表情，也可以添加動作、衣服、髮型、飾品或其他特徵等。

在與孩子一邊對話一邊畫畫的過程中，父母會發現孩子有深度的想法和驚人的表達能力。完成的畫作是很珍貴的作品，建議父母把孩子講的話寫下來，或者拍下孩子的畫製作成作品集。如果能記錄下書名、作者、出版社、日期、與孩子的對話、畫畫時的照片和說明等內容，這將會是一本非常珍貴的作品集。

知識閱讀⑥　提出關於書籍的問題

猶太父母從不為孩子讀完整本童話書，德國的大文豪歌德的母親也是如此。他們都會在故事講到最有趣的時候闔上書，然後讓孩子去想像，講出接下來會發生的事。這等於是給孩子充分發揮想像力的機會。但這絕對不是因為孩子記不住或不理解書中的內容。他們會支持孩子創作故事，並且做出反應，之後再繼續讀完故事，最後與作者的想法進行比較。透過這樣的過程，孩子可以整理、擴展自己的想法。

讀完書後，應該提出什麼樣的問題呢？只要是能夠激發孩子的好奇心，讓他們主動去思考問題就可以了。牛頓提出「為什麼蘋果掉下來，月亮卻不會呢？」的問題，而「如果以光速奔跑，會看到什麼呢？」這個問題幫助愛因斯坦打開光的世界。還有我們經常使用的便利貼也是如此，3M的研究員亞瑟．富萊（Arthur Fry）發現每次翻頁時，夾在歌本裡的書籤都會掉出來，於是產生疑問「不能做出一種既可以黏貼又可以撕下來的書籤嗎？」就像這樣，**世界上數以萬計的發明和發現，都是起源於一個問題。因此，直到孩子能夠自己產生疑問，有探索的能力以前，父母**

都應該透過提問為孩子的知識注入生命。

如果是喜歡在讀書時進行對話的孩子，父母可以跟隨孩子講的內容展開對話。年幼的孩子會突發奇想，說出莫名其妙的話，有時還會突然說一些與書的內容無關的事情。但其實，這是因為書中的內容讓孩子突然產生其他的想法。這時，父母最好能與孩子充分地交流，詢問孩子為什麼會突然冒出這樣的想法，這樣可以確認孩子的想法是如何與書籍內容連結。相反的，有的孩子不喜歡對話，希望安靜地讀完一本書。這時，父母就不需要與孩子展開對話，只要專心於書中的內容就可以了。

如果是喜歡提問和對話的孩子，可以利用以下的問題。提出一個接一個的問題，深入與孩子的對話。

- 你最喜歡書中哪段內容？
- 為什麼喜歡這段內容？

如果孩子無法很好地回答以上的問題的話，父母可以先做示範，講出自己的想法。父母的講話方式會成為很好的示範。

- 媽媽（爸爸）看到這幅畫，想起了小時候的朋友。媽媽和那個朋友玩得很開心。你有想到的人或記得的事嗎？
- 我們來找一個喜歡的單字吧。為什麼喜歡這個單字呢？
- 你覺得哪個場面最有意思？最有趣？
- 你想跟著主人翁做什麼？
- 你覺得這本書的內容和哪本書相似？
- 你想給朋友或弟弟看這本書嗎？為什麼？
- 你想把這本書送給誰？
- 你有什麼話想對這本書的作者或繪者說嗎？
- 如果幫這本書打分數，你會打幾顆星？為什麼？

能夠與父母充分討論自己感受的孩子，不僅心理會變得健康，而且會增強自信，更正面地思考和表達。

知識閱讀⑦　讓孩子提出關於書籍的問答題

雖然父母出題也很有趣，但比起讓孩子被動的回答問題，不如讓孩子扮演主動提問的角色。如果孩子還不識字，用畫畫的方式，或以自己記住的內容提問都可以。為了想出問題，孩子也許會讓父母再讀一遍故事，或者不斷重複相同的問題。用這種方法與孩子互動時，會看到孩子為了想出問題不停轉動小眼睛，努力思考的樣子，可愛極了。

- 雲朵麵包是用什麼做的？
- 白雪公主吃了毒蘋果嗎？
- 七個小矮人有幾個呢？

像這樣，就算問題中自帶答案，或者前後矛盾都沒有關係，只要孩子享受這件事就可以了。隨著時間推移，孩子會逐漸提高實力，努力思考，想出更多更有趣的問題。這樣一來，我們就會看到思考能力明顯提高的孩子了。

知識閱讀⑧ 體驗書中的內容

模仿書中的動作也很有效果。當看到書中出現孩子枕著爸爸的手臂看電視的內容時，可以和孩子一起來模仿。如果想更活躍一點的話，看到咖哩飯時，不妨和孩子一起來做咖哩飯。除此以外，還有像是打陀螺和摺紙飛機等各種各樣的活動。把孩子模仿時的樣子拍下來，做成一本書，也可以成為一種做書遊戲。當然，親身去實踐這些事情的過程會很麻煩，但還是希望大家去嘗試，因為這樣會讓孩子的情緒和認知得到均衡的發展，在成為國小生後也可以享受學習。

文化中心以4至7歲孩子為對象所辦的活動，正是出於了解父母的這種心態，來規劃許多豐富多彩的活動。但就算這些活動的內容和組成再好，對4至7歲的孩子而言，還是要與父母多多互動。希望大家不怕麻煩，一週與孩子這樣互動一次。

如果有難處的話，哪怕一個月一次也好。

知識閱讀⑨　反覆閱讀孩子喜歡的內容

4至7歲的孩子特別喜歡反覆聽相同的內容，父母很難理解孩子的這種要求。但是孩子提出這種要求是有原因的，因為沒有全部理解內容，又或者是因為想更投入自己熟悉的情節，而且透過反覆的閱讀，還能發現之前沒有發現的細節。熟悉的內容，也會為孩子帶來心理上的安全感。因為是自己已經知道的內容，所以預測故事的發展也讓孩子覺得很有趣，如果猜對的話，孩子會很興奮，很有滿足感。

孩子經常看的書，如果父母讀錯或漏讀一句話，孩子會立刻發現，然後再讓父母重讀。因為在孩子的腦海中，不僅儲存了故事，還在記憶深處儲存了詳細的表達和文章。

像這樣，反覆讀一本書，比讀大量的新書對孩子更有幫助。反覆閱讀儲存的知識會成為孩子一生學習的資產。研究結果顯示，反覆閱讀同一本書的孩子相較於閱讀多本書的孩子，其學習語言速度和理解能力更好。雖然父母會覺得每天閱讀相同的內容有些困難，但希望大家記住，這是能夠最大限度提高閱讀效果的好方法。如果實在覺得太累的話，也可以錄下爸爸或媽媽朗讀的內容。請不要心存質疑，就按照孩子的要求為他們讀書吧。

知識閱讀⑩　按年齡階段尋找適合的方法為孩子讀書

為孩子讀書不是一件容易的事。因為孩子難以集中注意力，總是做別的事情，所以就算父母想認真為孩子讀書也很難。孩子的這種行為是很正常的，但因為不了解孩子的發育特徵，所以不知道應該如何應對。接下來，就讓我們理解一下不同年齡段的孩子的特徵，並根據特徵找出正確的讀書方法。

・3至4歲

這個時期的孩子會展現自己的意志，形成自律性，經常使用「我！」、「不要！」等語言表達自己的想法。正因為這樣，應該以孩子與父母的依附關係和情緒安全感為基礎，適當的給予孩子支持、鼓勵和教育。在這段時期與父母的相互作用中，孩子的大腦會快速發育。透過畫有各種動物、交通工具等的繪本，記住實物的名字和特徵，比較長短或大小學習新的概念。不僅如此，3至4歲仍處於學習生活規則的時期，所以給孩子讀生活童話或以各種情況為背景的童話，讓孩子模仿書中人物的行動，也對教育孩子很有幫助。

也可以多給孩子講古代傳說故事，因為古代傳說故事都在講為人要善良、誠實、正義，才能得到他人的幫助，最後過上幸福的生活。這種懲惡揚善的題材，會讓孩子形成穩固的心理安全感，透過在有趣的故事中，間接地體驗人世間複雜的矛盾和混亂，培養孩子的想像力和創意力。看到全知全能的主人翁擊退敵人，幫助他人時，孩子還會在不知不覺中提高自信心。

一邊閱讀，一邊用手指指著書中的內容講給孩子聽，也可以唱歌或做遊戲，好讓孩子能夠親近書籍。3至4歲的孩子，對自己喜歡的事情會表現出強烈的意志，所以最好按孩子的要求為他們讀書。讀完後，教孩子把書放回原位，並且稱讚孩子的行動。教會孩子如何整理書，引導孩子遵守社會規則。

如果孩子喜歡反覆讀一本書，就為孩子讀那本書，想看新的書，就為孩子讀新的書。閱讀的過程中，如果孩子想對話，就陪孩子聊天。若孩子希望從頭讀到尾，不要提問的話，父母只要照做就好。沒有讀完，孩子就想翻頁的話，那就繼續讀孩子想聽的內容。如果孩子放棄讀完一本書，那就先闔上書。現在沒有讀完的話，可以下次再來讀。

・5至7歲

這個時期的孩子相對來講表現得比較自律，不僅會對他人的行動做出反應，而且會根據自己的意志展開各種活動。因此，父母應該對孩子主導的活動給予支持和幫助。如果父母限制孩子的行動，且懶得提出問題的話，孩子就會變得漸漸不再主動表達自己的意見。孩子的知識主導性，只能透過與父母的問答來提高，所以當孩子不停地問「誰、為什麼、做什麼、怎麼做、哪裡」的時候，父母需要耐心地回答，並且鼓勵孩子的好奇心和探索欲。此外，父母提出的問題，還可以幫助孩子提高認知思考能力。

5至7歲的孩子會出現明顯的閱讀傾向，會自己找出喜歡的書籍類型和符合自己的閱讀方法，因此建議父母最好支持孩子帶有個性的閱讀模式。支持孩子喜歡的方法，並從中培養出個人獨特的閱讀方法。如果是喜歡大自然的孩子，可以為孩子買以大自然為主題的繪本和知識書，並以孩子喜歡的主題展開話題聊天。如果孩子喜歡邊讀邊思考，就給孩子充分的時間去思考。如果孩子喜歡邊讀邊聊天，就按照孩子的脈絡進行對話。父母充分地滿足孩子這些要求以後，接下來孩子也會很容易地接受父母提出的要求。即使是不喜歡讀童話的孩子，也會欣然地翻看一兩本。

這個年齡層的孩子會慢慢掌握注音，但這並不表示說孩子可以獨自閱讀書籍。雖然孩子能夠發聲緩慢地朗讀出來，但還是很難理解書中的內容。即使孩子掌握了注音，也需要約1至2年的時間作為孩子獨立閱讀的起步期。父母要幫助孩子閱讀，直到他們培養出理解能力。很多國小生正是因為被強迫獨立閱讀後，才開始漸漸遠離書籍。如果希望培養出喜歡閱讀的孩子，就需要下定決心為孩子讀書到低學年。對孩子而言，獨立閱讀需要很多能量，所以聽父母讀十本書的時候，孩子可能自己連一本書也讀不完。因為這是過渡期會出現的情況，所以不要說「教」孩子，只要「為他們讀書」就能自然而然地解決問題了。最重要的是，請記住「知識閱讀①」中提到的讀者權利，讓孩子擁有主導權，成為書籍的主人。

Part 3

孩子成長的魔法鑰匙II. 注意力

STEP 1

4至7歲孩子所需的注意力

集中力與注意力不同

我們來思考一下為什麼會出現這種情況。

一年級的智秀提早20分鐘來到補習班，拿出自己喜歡的書開始看書。媽媽對智秀說：

「妳先看書，待會和老師好好玩遊戲。媽媽去辦點事，下課的時候來接妳。」

「嗯。」

智秀爽快地回答了媽媽。很明顯，孩子聽懂媽媽的話。但稍後有人問智秀：「媽媽去哪了？」智秀卻回答說：「不知道。嗯？去廁所了？媽媽去哪了？」為什麼會出現這種情況呢？

很多孩子會出現這種類似的情況：二年級的智昊正在和朋友商量接下來玩什麼遊戲，但兩個孩子的意見不合。智昊想玩算數遊戲「LOBO77」，朋友想玩記憶力遊戲「拔毛運動會」。因為喜歡玩的遊戲不同，最後兩個人決定剪刀石頭布來決定遊戲的順序。智昊贏了，所以先玩「LOBO77」。開始玩遊戲前，朋友為了確認接下來的順序問了一句：「這個遊戲結束後，我們玩什麼？」智昊回答說：「不知道。」聽了智昊的話，朋友生氣地大聲說：「我們不是說好了玩拔毛運動會！」智昊立刻道歉說：「啊，沒錯。對不起。」智昊立刻向朋友道歉，所以沒有發生爭吵，但像這樣完全沒有惡意的反應，也會成為破壞人際關係的因素。

接下來，我們仔細分析一下。為什麼智秀和智昊會出現這樣的狀況呢？智秀小時候，無論媽媽怎麼叫她，她也不回答，媽媽擔心是不是孩子的聽力有問題，還去醫院做了檢查。但檢查結果沒有發現任何異常，這讓媽媽更加不解了。之後媽媽又擔心是不是孩子的發育有問題，在詢問朋友的意見後，大家都說孩子沒有任何問題。媽媽始終感到很困惑，為什麼無論怎麼叫專注於做某件事的孩子都沒有反應呢？媽媽還訴苦說，很常訓斥不回答和健忘的孩子，直到現在還很擔心孩子是不是頭腦不靈光，或記憶力有問題。孩子真的有問題嗎？出乎意料的是，很多孩子都會這樣，然而出現這種狀況的主要原因正是來自注意力。

「孩子似乎注意力不足。」

聽到這樣的結論時，媽媽搖了搖頭。

「不會的，她做什麼都很認真，不會注意力不足的。玩樂高積木或拼圖都能玩一個小時以上，看書也是一樣。我的孩子一點也不散漫。」

「孩子的集中力很好，但集中力和注意力是不同的。孩子在幼稚園很有可能不聽老師的話，老師教她做什麼，她是不是也只專注於自己在做的事呢？不聽老師的話，只做自己想做的事，或是沒聽到老師講什麼，自己去做別的事。孩子一個人發愣也屬於注意力不足。」

「嗯，沒錯，的確會這樣，所以她經常挨罵。我也很不理解……但是，注意力和集中力有什麼不同呢？」

注意力和集中力在用語的使用上並沒有明顯的差異，所以遇到很散漫的孩子時，告訴父母孩子注意力不足的話，父母都會驚訝地說自己的孩子注意力很好。想解決注意力的問題，首先就要區分注意力和集中力的差異。正如智秀媽媽說的，孩子在自己喜歡的事情上會發揮極大的集中力，不僅如此，還可以講20～30分鐘自己喜歡的書的內容。由此可見，孩子的記憶力也很好。但為什麼會出現這種狀況呢？

我們的大腦很容易集中在自己感興趣的事情上。相反的，當聽到他人的指示時，無法放下手中在做的事情就是注意力不足。媽媽叫了很多次孩子的名字、講了幾遍要做的事，但孩子都不回答，也沒有記住，只專注於自己喜歡做的一般的情況下，我們不會區分使用注意力和集中力，但在孩子的行為出現問題時，比起集中力，更多的關鍵則是在於注意力。

集中力好的孩子？注意力差的孩子？

「集中力」是指把精力集中在一種資訊的能力。雖然玩一個小時以上的積木、畫畫、拼圖遊戲可以視為集中力很好，但這與是否有注意力是兩回事。反之，「注意力」則是指能夠集中在課業和即使不想做也必須完成的目標，不受外界因素干擾所需的能力。因此是否能在不感興趣的事情上，也發揮能力就成為判斷注意力的核心基準。即使不是出於自願，但必須集中精力的能力就是注意力。簡單來講，注意力就是當父母或老師說「看這裡」時，孩子可以放下手中的事，注意聽指示的能力。歸根結底，在學習這件事上，**注意力可以視為專心學習的最重要的因素**。

4至7歲很難明顯地看出孩子是否注意力不足。我們都覺得這個年齡段的孩子看起來好奇心強，雖然有些散漫，但十分活潑，隨著年齡的增長，情況就會有所好轉，所以大可不必擔心。但如果放任孩子不加以教導的話，等到開始學習以後就會慢慢出現問題。等到入學後，這種問題就會更加明顯了。

注意力過低的孩子，在對話或上課時，會出現聽不進去父母或老師講話的情況。在交換意見或討論時，也很難集中在主題上。因為聽得不認真，所以很難根據脈絡進行對話，而且在表達自己的想法時也會遇到問題。但更嚴重的問題是，這樣的孩子很難專心在自己不感興趣的事上，最終學習也會遇到困難。如果能正確理解注意力，就會發現在日常生活中的很多小事件，都是起因於孩子的「注意力不足」。

注意力主要分為視覺注意力和聽覺注意力，按照功能可分為5種代表性的類型：

1. 能集中於正在做的事情上的集中性注意力。
2. 不因干擾而分心，能集中在特定事物上的選擇性注意力。
3. 長時間專注於一件事的持續性注意力。
4. 能從一件事轉移到另一件事的轉換性注意力。
5. 可以同步處理兩件或多件事的分散性注意力。

除了分散性注意力以外，4至7歲期間必須要培養孩子具備其他四種的注意力。**如果缺乏四種注意力中的任何一種，孩子都會出現做事散漫或只埋頭做一件事等問題。當處理資訊的速度變慢時，孩子的學習和情緒也會出現問題。**

接下來，讓我們了解一下注意力不足的原因、四種注意力的正確概念、各種注意力擁有的力量與提高注意力的有效方法。

注意力不足的先天原因

如果覺得孩子注意力不足，那就要先了解一下原因。注意力不足的原因大致可分為兩種：一種是天生的性格。孩子散漫、無法專心學習時，父母最先擔心的是孩子會不會是ADHD。如果懷疑孩子有先天性的問題，而且需要臨床診斷的話，父母就更需要正確理解原因和症狀了。只有這樣，才能更有效的幫助孩子。

如果是性格的問題，那麼很有可能被診斷為ADHD或ADD。即使診斷出這樣的結果，也不表示孩子存在致命性的問題。根據父母提供的幫助，可以帶來不同的結果，所以大可不必擔心。但令人感到意外的是，很多人都知道ADHD，卻少有人了解ADD。唯有理解兩者的差異，才能更有效的解決孩子注意力不足的問題。

ADHD（注意力不足過動症）

ADHD（Attention Deficit Hyperactivity Disorder）的症狀主要表現為不專心、過動、破壞行為和衝動。特徵體現在難以控制注意力和即時反應，管控功能低下。所謂管控功能低下，是指由於對行動下達指示的前額葉功能出現異常，所以出現注意力不足或行動散漫。除此之外，還有以下幾種情況：

- 做事急躁，缺乏耐性、耐心。
- 只處理眼前的事情，容易忽略重要的事情。
- 因情緒不成熟，難以控制衝動的情緒。
- 缺乏自信和成就感，對於批評會過度敏感，很容易一蹶不振。
- 不善於整理，在指定時間內無法完成任務。

- 很難獲得動力做某一件事。
- 不知道自己的行為存在什麼問題。
- 僅為了一個目標而無法完成其他的事情。

如果存在ADHD症狀，即使上課時坐在教室裡，也無法快速理解授課的內容，還會出現不遵守規則的問題。總而言之，這樣的話在學習上也會遇到問題。這不只是單純的散漫問題，而是在認知、情緒和控制行動等多方面出現的問題。如果ADHD症狀沒有得到妥善的治療，長期發展下去的話，還會誘發缺乏自信、妥瑞症、恐慌症、憂鬱症、強迫症和學習障礙等的問題。不只如此，還會聽不進別人講話，脫口而出不適當的話，或做出不顧後果的行為，這樣下去，也會出現人際關係問題。進入青少年期，症狀會更加嚴重，導致品行障礙和做出越軌行為。這種症狀並不會因為成人而自然而然地有所好轉。WHO（世界衛生組織）將ADHD列為全世界上班族無故曠職和工作效率低的十大原因之一。成人ADHD會對學業、職場、家庭等日常生活帶來影響，若不及時接受治療，很容易會演變出酒精中毒或手機中毒等問題。現在已經有很多治療ADHD的方法，所以一旦發現最好趕快接受治療。

首爾大學醫院精神健康醫學科的金鵬年教授與團隊，從二〇一六年九月開始歷時一年六個月，針對全國四大地區的4057名幼兒、青少年和父母進行調查。調查結果發現，未滿13歲的國小生中有1138名存在對立反抗症（19.8%），緊跟在後的是ADHD（10.24%）和特定恐懼症（8.42%）。在10名存在對立反抗症的孩子中，曾被診斷為ADHD的孩子就有4名。就結論而言，平均一個班級30人中就有2～3名學生出現過ADHD症狀。這絕不是一個小數字。為此我們應該更詳細地了解這種症狀，並找到幫助孩子的方法。ADHD具有過動、衝動性和注意力不足三大特徵。目前為止，解釋ADHD特徵之一的現象就是注意力不足。

・過動

過動是指就像裝有電動機一樣，手腳閒不住，一直動個不停的症狀。吃飯的時候，身體也會動來動去。上課時也不停搖動身體，手動來動去，做出影響他人的行為，而且無論怎麼說教也改不了。

・衝動性

衝動性是指沒有耐心等待，經常做出出人意料的舉動或妨礙他人的行為。打斷別人講話也屬於衝動性行為之一。如果老師還沒講完話，孩子就大喊：「我！我！」，這時比起活躍和積極，更有必要思考一下是不是衝動行為。4至7歲的孩子很少會出現這種情況，但上學後會變得非常明顯，所以要在4至7歲期間仔細觀察孩子的行為特徵。

・注意力不足

注意力不足是指很容易失神、把精力放在其他地方或健忘的症狀。經常遲到，不遵守時間，常常出錯，而且做事結果遠遠不及自己的能力。注意力不足嚴重時，還會被稱為注意力缺失症或安靜的ADHD。注意力不足，具有從外表看不出來的特徵，因此需要更加細緻地觀察。

ADD（注意力缺失症）

ADD（Attention Deficit Disorder）是指雖然散漫、注意力不足，但不會過動和做出衝動性的行為。注意力缺失症與自己的意志無關，會因為無法集中注意力，而處在非常混亂的狀態，還會經常忘記要做的事情。正因為這樣，存在注意力缺失症的人容易錯過重要的資訊、迷失方向、丟三落四，難以跟上對話的脈絡。但問題是，這並不是故意的。從神經學上看，這屬於因前額葉的活動下降，而導致缺乏控制力的狀態，所以大腦忙於吸收大量的資訊、控制情緒和衝動，才無法集中注意力。

若不是自己感興趣的領域，ADD的孩子便難以集中注意力，所以很難理解或記住聽到的話，父母也會因此擔心孩子是否存在智能障礙。在參與團體活動或與小朋友玩的時候，因為無法做出適當的反應，所以在與同齡孩子的人際關係上也會遇到問題。診斷為ADD的孩子在課堂上也會頻頻點頭，像是在認真聽課一樣，但成績卻很不理想。這不僅讓父母和老師感到失望，也是孩子產生挫敗感的原因。

此外，ADD還有一個特別令人擔憂的原因。雖然存在ADD的孩子注意力不足，但因為在教室裡不會做出惹人注意的行為，所以在大部分的情況下不容易發現孩子有這種症狀。正因為這樣，很容易被大人忽視，太晚發現而錯過及時治療的話，孩子也會很辛苦。因此父母需要仔細觀察4至7歲孩子的行動。以下為ADD的症狀：

- 注意力不集中。
- 上課時注意力不集中，常常分心做別的事或趴在桌子上睡覺。
- 經常很散漫。
- 經常發呆，所以無法參與大家在玩的遊戲。
- 被動做出決定。
- 成績不及智商。
- 即時別人搭話，也會因注意力不集中而無法立刻回答，進而引發人際關係的誤會。

注意力不足的後天原因

出現ADHD和ADD症狀的原因約70%來自遺傳基因，剩餘的約30%則與環境有關。在孩子注意力不足的原因中，我們應該更加關注後天性的原因。如果能找出孩子注意力不足的原因並提供幫助，就可以協助孩子解決問題。即使不是先天性的原因，但還是注意力不足、很散漫的話，原因就要歸咎在父母的養育態度和讓孩子產生壓力的事情上。我們應該記住的是，先天性的原因有我們無能為力的部分，但後天性的、環境因素也會對孩子的注意力不足造成很大的影響。對孩子而言，最重要的環境就是父母。接下來，讓我們了解一下**父母的哪種養育方式，會成為孩子散漫和注意力不足的原因。**

第一是教育上的放任。父母沒有教孩子遵守規則和秩序，以及節制和延遲滿足。僅以滿足孩子為由，允許孩子四處走動、隨意吃東西，或者不教育孩子遵守合理的規則。這樣的孩子怎麼會不散漫呢？很多父母會說，看到孩子在地上打滾撒潑，自己也沒辦法，但這不過是藉口罷了。因為太愛孩子，所以會在心裡想「這樣應該沒關係」、「僅此一次」，這樣一點點的放任孩子，最終會成為孩子無視規則的原因。

父母要教孩子，就算哭鬧也要坐在餐桌前吃飯，就算不想做，也必須在規定的時間內做作業，特別是要從小開始、從小事培養孩子的控制力。雖然父母沒有放任孩子的意圖，但就結果來看，很多時候都是在放任孩子。父母的確會覺得委屈，明明很愛孩子，而且細心照顧孩子，但孩子越來越散漫，最後還把原因歸咎在自己的養育態度上。既然我們知道了原因，接下來只要採取應對就可以了。遇到這種情況時，與其傷心，不如認真地思考一下日後應該怎麼做。我們必須記住，沒有學會遵守規則和秩序的孩子，日後無論是在幼稚園還是在學校，就只會越來越散漫。

一位7歲孩子的母親訴苦說，不理解為什麼孩子不能集中注意力，總是任性逞強，還會動手打小朋友。

「其他孩子即使什麼都不學也做得很好，但為什麼只有我的孩子這樣呢？這些事不是自然而然就應該知道的嗎？」

她是一位職業媽媽。孩子從小在奶奶家長大，奶奶很疼孩子，凡事都順著孩子的意思，根本沒有教孩子基本的禮節和規則。這樣過了三年後，父母把孩子接回家，但送進幼稚園後，孩子突然開始做出反常的舉動，媽媽經常接到老師打來的抗議電話。很遺憾的是，這位母親的言語中暴露了她對教育孩子的無知，也就是說，她認為是孩子不遵守規則。但事實上，孩子並沒有學習到如何遵守規則，而且她還誤會孩子會自然而然地學會規則。每天孩子們都在學習必要的規則，在成長的過程中，透過模仿父母的一舉一動進行學習。孩子不會不學自知，而是從學習中，漸漸領悟要遵守的禮節和規則。注意力也是如此，即使孩子存在性格的問題，但只要好好教育和訓練的話，就能夠讓孩子養成習慣。從現在開始也為時不晚，只要努力教孩子集中注意力的方法，多加練習就可以了。

第二種情況剛好與第一種情況相反。如果持續進行強迫和嚴格控制的教育方

法，孩子也會變得散漫。經常訓斥孩子或不停地嘮叨，孩子會倍感壓力，進而變得不安。心理上的不安，會對孩子的注意力和集中力造成負面的影響。

應該讓孩子玩得盡興，發揮自律性。如果做不到這一點，而是嚴格控制、說教孩子的話，就只會讓孩子因為倍感壓力而無法集中注意力、坐立不安。無論做什麼都要看父母眼色的話，孩子就會難以控制情緒，做出衝動性的行為。如果覺得孩子注意力不足、很散漫，而且希望幫助孩子有所改善的話，就要先安撫孩子的心，透過教育來提高注意力。

STEP 2

注意力擁有的力量

如何培養4至7歲孩子的注意力呢？

6歲的河俊在幼稚園不認真聽老師講話，所以經常被老師責罵。吃飯的時候走來走去，用湯匙跟同學打鬧，吃完飯也不整理自己的餐具。上課時也不認真聽課，在教室裡走來走去。好不容易乖乖地坐在椅子上，但問他老師講了什麼，孩子卻說想不起來。老師說了河俊很多次，但就是不見好轉。為了解決河俊的問題，應該給他做注意力不足的檢查嗎？還是應該尋找適合孩子的方法，透過練習來幫助他呢？如果發現孩子有問題，做檢查的確是一種方法，但比起檢查，最好還是先嘗試一些專業的方法，觀察一下變化的過程。如果不是天生性格的問題，大部分的孩子都會有所好轉。

醫院和心理諮商中心都可以進行「注意力檢查」，

但不建議48個月以下的孩子做這種檢查，因為他們的注意力正在形成階段，所以不適合進行診斷或評估。當然，如果使用了適當的方法也不見起色的話，還是可以尋求醫院或心理諮商的幫助。孩子的注意力正在形成階段的意思是，因為沒有學習、沒有接受訓練，所以才會散漫、不知道整理和做出適當的反應。正因為這樣，與其草率地判斷孩子的行為是否有問題，不如思考一下如何教育和訓練孩子。

4至7歲的孩子正處於學習階段，因此特別要讓孩子學習和掌握注意力，培養他們成為能夠集中注意力的孩子。既能集中注意力做一件事，也能在出現其他誘惑時，不受干擾完成任務。例如：孩子可以暫時放下手中的玩具回應或聽從父母指示。**若孩子沒有培養出在各種情況下所需的注意力，那麼在國小入學後，就會出現嚴重的注意力不足問題。萬萬不可因為覺得孩子年幼而掉以輕心，也不要誤以為長大後會自然而然地好轉，而錯過培養注意力的最佳時期。**

前面介紹注意力和集中力的差異，與必須培養孩子擁有的四種注意力。接下來，讓我們了解這四種注意力與缺乏四種注意力時的表現，和解決問題的專業方法。

父母必須了解的4種注意力

注意力是指能夠集中精力和做出選擇的重要能力，是讓孩子集中能量解決問題的認知過程，是培養孩子學習能力所須的先決條件，也是學習時有效集中精力所需的認知能力。即使現在孩子的注意力不足，但只要透過適當的認知訓練就可以提高，所以無需過於擔心。

注意力，根據不同的學者會做出略有不同的分類。根據外在環境的不同可以分為視覺注意力和聽覺注意力，按功能又可分為集中於正在做的事情上的集中性注意力；不因干擾而分心，集中在特定事物上的選擇性注意力；長時間專注於一件事的持續性注意力；能夠從一件事轉移到另一件事的轉換性注意力。除了這四種代表性的注意力之外，還有可以同步處理2～3件或更多事情的分散性注意力。雖然這些注意力都很重要，但注意力需要在一定基礎上依序發展，所以在4至7歲期間，最有效的方法是正確了解前4種注意力後，逐步進行實踐。

集中性注意力

4歲的秀彬可以專注地看電視、玩遊戲或看YouTube，但吃飯和看書的時候卻總是坐不住，每次玩積木或拼圖也總是中途放棄。可以說這樣的秀彬注意力很好嗎？似乎難以確定。

秀彬缺乏的是集中性注意力。沉浸在有趣的影片中，不等於是用大腦思考和集中注意力，孩子只是暫時被有趣的影片吸引住罷了，這與拼圖和畫畫等需要邊思考邊行動的集中性注意力完全不同。父母每天給孩子看三個小時的影片；坐車或外出時，為了讓孩子安靜下來給孩子玩手機。這樣下去的話，孩子很有可能會出現手機成癮的問題。事後察覺到問題時，父母會感到驚訝和內疚。就在我與孩子的父母談話期間，孩子也一直纏著媽媽要手機。

集中性注意力，是指將注意力集中在當下正在做的事情上，集中於視覺和聽覺的資訊，理解後做出行動的能力。集中性注意力不足的話，就算想集中注意力也很難做到，只會做出即興和衝動的反應。

選擇性注意力

在幼稚園，我們可以看到老師講故事時，聽到外面有聲響，立刻站起來的孩子；無法專注於一件事，坐不住的孩子；迷宮遊戲玩到一半，又開始畫畫的孩子；也有孩子正在玩拼圖遊戲，但看到積木，突然講起與拼圖遊戲無關的事……這都是選擇性注意力不足時，表現出來的現象。

選擇性注意力是指即使有喧鬧、華麗的視覺和聽覺干擾，但還是可以做出選擇，且能夠集中精力完成當下任務的能力，或是可以排除周圍不必要的干擾，做出正確選擇的能力。有聆聽的必要時，就需要聽覺選擇性注意力，需要用雙眼獲取資訊時，就要發揮視覺選擇性注意力。有的孩子，可能會出現只有聽覺或視覺其中一種選擇性注意力不足的情況。

選擇性注意力不足時，會很容易忘記要做的作業，分心於其他的事情上。正因為這樣，應該注意觀察孩子的視覺和聽覺注意力。如果幾個月後，這種情況也沒有變化的話，就表示有必要進行細緻的注意力訓練了。

如果選擇性注意力不足，首先要做的就是整理周圍的環境，但僅靠整理環境是不夠的。為了培養這種注意力，需要持續對孩子進行訓練。訓練的方法很簡單，如果視覺選擇性注意力不足的話，可以嘗試教孩子看圖找物、找碴、迷宮圖、找單字和找符號等遊戲。如果聽覺選擇性注意力不足，可以嘗試一問一答，唱歌，跟讀數字、單字或文章等方法。後面還會具體介紹這些方法，希望大家可以每天陪孩子嘗試一種方法。

持續性注意力

顧名思義，持續性注意力是指在特定的時間內持續做一件事，並且能夠堅持到最後完成任務的能力。注意力不足的情形中，最常見的就是缺乏持續性注意力。因為持續性注意力不足，所以很容易分散注意力，稍稍覺得無聊或疲憊的時候也會變得散漫。做作業時，總是看東看西，對周圍的噪音會快速地做出反應。這樣一來，不僅做事沒有效率，還會經常出錯。經常忘記的原因，比起記憶力有問題，更多的時候則是因為持續性注意力不足。

4至7歲期間，孩子很容易把注意力集中在新奇、有趣的事情或對象上。但比這更重要的是，孩子要有即使覺得上課無聊、學習沒有意思、有人在旁邊打擾也還是能說「請等一下，我做完這件事再玩」的能力。但很遺憾的是，並不會隨著年齡而自然而然地產生這種能力。為了培養孩子的持續性注意力，父母需要在身邊給予支持，讓孩子體驗完成任務時的喜悅。記錄孩子集中注意力的時間，向孩子展示變化的過程，這樣也可以成為一種強烈的動機。因為孩子還小，所以需要父母使用技巧吸引孩子的興趣。媽媽陪孩子練習寫注音符號的時候，可以對孩子說：「爸爸要是看你這麼認真，一定會很開心。」培養4至7歲孩子的持續性注意力時，請記得興趣、趣味和想像是非常有效果的工具。

轉換性注意力

延宇只專注於自己喜歡的事情。5歲就會寫國字的延宇聰明伶俐，也許是因為父母經常給他讀書的關係，孩子很快就可以一個人看書了。專心看書的孩子很教人喜歡和欣慰，但問題是，無論媽媽怎麼叫他，他都沒有反應。急著出門時，媽媽再怎麼催促趕快穿衣服，延宇也只是一動不動地坐在那裡看書，有時候還很喜歡蹲在地上觀察昆蟲。事實上，媽媽並沒有察覺到孩子的這種行為有什麼問題，但自從6歲開始上課以後，問題開始出現了。延宇不聽老師的指示，只做自己喜歡的事情。郊遊時，也不跟隨隊伍，經常消失，害得所有老師嚇得魂飛魄散。延宇正是只沉迷於自己喜歡的東西，轉換性注意力不足的孩子。

轉換性注意力是能從一件事轉換到另一件事的能力，代表精神上的靈活性。轉換性注意力不足的話，就只會把注意力過度集中在喜歡的事上，很難對其他事產生興趣。也就是說，學完國語後，要換成數學時，依然只沉迷在國語書中。特別是很多認為是集中力好的孩子，其實都存在轉換性注意力不足的問題。提早理解轉換性注意力不足出現的問題，才能幫助孩子盡快彌補不足的部分。

孩子的行為與注意力的關係

當談到孩子的注意力不足時，往往不是指一種注意力，而是多種注意力。這時如果父母能從孩子的一舉一動中找出缺乏哪種注意力的話，就能輕鬆地幫助孩子。讓我們來透過下面的例子，分析一下孩子的行為。

5歲的賢秀在客廳和爸爸玩小汽車，邊玩邊練習數數字。賢秀可以從1數到30。媽媽在一旁照顧3歲的弟弟，弟弟突然哭鬧了起來，媽媽哄弟弟，客廳的氣氛變得一團糟。賢秀受到了干擾，數數出了錯。

「一，二，四，五，七，九……」

賢秀不是會數錯的孩子，但因為四周亂糟糟的，所以出錯了，為什麼會這樣呢？是因為賢秀的注意力不足嗎？在判斷注意力時，應該先觀察一下孩子的情緒。如果是因為嫉妒媽媽只照顧弟弟的話，那就要先來安撫賢秀的心了。但事後孩子還是很散漫的話，那就要再進一步思考了。

賢秀在弟弟哭鬧、媽媽哄弟弟的混亂氣氛中，變得無法集中注意力。賢秀應該不受周圍聲音的干擾，集中注意力數數，可是卻做不到，也許是因為賢秀對聲音很敏感，所以受到干擾。如果是這樣的話，父母就要嘗試改變環境，例如，換一個地方等待周圍安靜下來、戴耳塞或培養孩子在吵雜的環境中也可以集中注意力的能力。

我們再來看一下6歲宰賢的例子。媽媽對正在畫畫的宰賢說：「媽媽下樓去丟垃圾。」宰賢明明回答說：「嗯。」但媽媽在樓下遇到宰賢朋友的媽媽，於是閒聊了10分鐘左右。回來時，下班的丈夫已經到家了。丈夫生氣地大聲說：

「妳去哪了？」

「我能去哪，還不是去丟垃圾。你剛回家，發什麼火啊？」

聽到父母提高嗓門，宰賢嚇了一跳，哭了出來。到底發生了什麼事呢？原來媽媽出門的時候，下班回來的爸爸問宰賢：

「媽媽呢？」

「不知道。」

「媽媽去哪了？」

「不知道。」

「什麼時候出去的？」

「出去半天了。」

爸爸生氣是因為誤會媽媽丟下孩子一個人出門，而且很久沒回來。媽媽明明告訴宰賢她去丟垃圾，但孩子卻很敷衍地回答爸爸。宰賢沒有把注意力集中在聽媽媽講話上，由此可見孩子缺乏聽覺注意力，而且只顧著畫畫，因此也可以推斷孩子的轉換性注意力不足。

再來看一下7歲賢俊的例子。賢俊在做一本很簡單的數學練習本，內容由畫線、跟寫、數數字和貼紙計算加減法構成，而且大部分都是圖畫，所以有許多內容都可以一個人完成。媽媽在一旁幫孩子念題目，鼓勵孩子，宰賢越做越上手，媽媽覺得孩子一個人也可以完成時，便起身對他說：

「媽媽去廚房準備晚餐，你乖乖地把它寫完。」

「嗯。」

媽媽走到廚房開始準備晚餐，過了20至30分鐘後，去看了一下宰賢。原本以為孩子在做數學題，但誰知他竟然玩起積木。媽媽看一眼練習本，發現孩子只寫到剛才自己離開的部分。明明剛才宰賢很認真地做數學題，怎麼會這樣呢？其實，媽媽走出房間後，宰賢就玩起積木了。如果媽媽不在旁邊，宰賢就無法集中注意力。由此可見，孩子同時缺乏集中性注意力和持續性注意力。

我們透過幾種情況的例子，判斷孩子缺乏哪種注意力，都是為了尋找幫助孩子方法的過程。幸運的是，所有注意力的功能都是緊密相連的，所以只要提高一種注意力，其他的注意力也會隨之提高。

孩子的情緒與注意力的關係

在看似注意力不足的孩子中，其實許多孩子不是真的存在注意力不足的問題，而是存在情緒的問題。國小二年級賢貞的媽媽非常擔心孩子不能集中注意力，於是帶孩子做了綜合心理測試。媽媽覺得孩子用太多時間在寫作業，而且在補習班的考試成績也很不理想。不僅如此，作業很多的時候，孩子都會找藉口說肚子痛或頭痛，所以無論怎麼看都覺得是注意力不足的問題。但測試結果卻指出了完全不同原因，孩子的智力在平均值以上，而且也沒有注意力不足的問題。測試結果顯示，孩子無法集中注意力的原因，來自於情緒上的不安。學習遇到困難的時候，孩子沒有表達出來，因為覺得說出來會挨罵。肚子痛和頭痛都是真的，但媽媽卻不相信孩子，反而訓斥孩子，所以賢貞變得越來越不安和緊張了。

賢貞說，不喜歡學習，最擔心的事情就是寫作業，而且很害怕媽媽，希望回到每天玩遊戲的小時候。在賢貞成長的過程中，雖然透過認知教育提高了智能，但就像前面提到佩里幼稚園的計畫結果一樣，孩子出現情緒上的問題，導致無法發揮注意力。賢貞表現出的注意力不足，正是因為從小沒有與媽媽形成安全的依附關係，而產生不安的結果。也許是因為進行心理測試的諮商師能夠對孩子的情緒產生共鳴，採納孩子的觀念，所以在測試的過程中，賢貞沒有緊張，而且充分地表達出自己的想法，因此沒有發現注意力的問題。

在判斷孩子是否注意力不足以前，最好先檢查一下孩子的情緒問題，是否對注意力和課業執行力造成影響。越是年幼的孩子，越不會裝病，而是真的會出現肚子痛、頭痛等的身體症狀。不是強迫孩子多做練習題就可以提高學習能力，不可以掉以輕心地認為4至7歲能夠克服困難的孩子，現在也可以。等孩子到了青春期，累積下來的壓力和不安就會澈底爆發出來，引發完全意想不到的問題。

賢貞沒有做注意力的訓練，而是接受以情緒為中心的心理治療。透過有趣的遊戲，賢貞練習如實地表達感情。在諮商師充分聆聽和感同身受的態度下，賢貞很快地恢復健康的心理狀態。雖然媽媽不理解為什麼不做具體的注意力訓練，但還是聽從諮商師的意見，接受為期約三個月的心理治療後，賢貞的情緒明顯地穩定下來。

之後，賢貞漸漸地能夠集中注意力寫作業和聽課了，而且還經常上台演講，受到老師的表揚。媽媽看到孩子的變化後，這才意識到情緒穩定的重要性，沉著冷靜地開始幫助孩子。

孩子越小，注意力越容易受到情緒的影響。希望大家牢記，無論再怎麼著急也不能傷害孩子的心。因為這就像強迫孩子穿上不合腳的運動鞋跑完馬拉松一樣。

父母必須了解的注意力十誡

開始學習的前提條件是注意力。在注意力不足的情況下學習，就好比在用沙子堆城堡。因此在4至7歲期間，比起學習國語、數學和英語，更重要的是培養孩子的注意力。注意力的問題，源於父母與孩子錯誤的互動。希望大家記得，在玩遊戲和學習時，只有父母和孩子發揮正面的相互作用，孩子才會形成正面的自我意象和自我概念，進而幫助培養注意力。

對於注意力不足的孩子而言，要先解決衝動性的問題。如果孩子總是突然把注意力轉移到另一件事，或做出難以預測的行為，父母就更應該了解解決問題的方法。以下是父母必須了解的注意力十誡：

父母必須了解的注意力十誡

①孩子瞬間變得散漫時，要讓孩子認知自己剛才在做的事。「等一下，你現在要做什麼？剛才在做什麼？都做完了嗎？」

②開始玩新遊戲前，先教孩子整理好玩具。

③最好以10至20分鐘為單位讓孩子寫作業。

④在玩遊戲和寫作業時，完成目標後讓孩子充分感受成就感。

⑤從孩子喜歡的科目，逐漸擴展到孩子不感興趣的科目。

⑥從簡單到難，循序漸進。

⑦父母要先陪孩子完成目標，之後再逐漸讓孩子獨立完成。

⑧中途要透過支持和鼓勵，給予孩子心理補償。
⑨從熟悉的事物開始，漸漸擴展到陌生和新的領域。
⑩幫助孩子，從稱讚等外在動機，逐漸發展到擁有「以成就感推動行動」的內在動機。

下一章，我們會具體了解培養注意力的有效方法。接下來介紹的內容，也可以幫助到存在性格問題的孩子。只要堅持應用這些方法，就會取得有效的成果。仔細觀察孩子缺乏哪一種注意力，再來決定使用哪一種方法吧。

STEP 3

培養注意力的最佳方法：對話與遊戲

父母一定要實踐的4種心理對話方法

在開始玩注意力遊戲以前，先來介紹一下培養孩子情緒和認知發展所需的4種心理對話方法。這不只是為了培養孩子的注意力，也是為了培養孩子自我調節力所需的、非常有效的心理技法。這裡所說的心理技法，是指以治癒和成長為目的的心理對話方法。心理對話方法，可以穩定孩子的內心，讓孩子更明智地思考，引導孩子做出正確的行動。心理對話方法既簡單又非常有效，可以改善無論怎麼解釋和說服孩子但仍不見變化的行為。只要在適當的時候應用一種方法，就可以看到孩子的行為變化。

心理對話方法① 讓孩子重複父母說過的話

媽媽一早對孩子說：「快點吃飯，吃完飯刷牙，換好衣服，要去搭娃娃車。我還得幫妳梳頭，快點啦！」孩子記不住媽媽的話，因為這句話多達5個指示事項。首先，媽媽應該把指示事項縮減為1至2個，依次對孩子講明。如果這樣孩子還是記不住的話，那應該意識到不是記憶力的問題，而是注意力的問題。為了解決這個問題，需要正確的對話方法。方法之一是講孩子能聽得懂的話，然後讓孩子重複自己講的話。這個方法有助於容易受到周邊噪音干擾的孩子提高聽覺注意力，還能幫助分心的孩子集中於正在做的事情。要出門的時候，孩子卻一動不動地看書，即使叫他很多次也無動於衷。這時應該看著孩子的雙眼，放慢語速，低聲說出簡短的對話。

「別看了，我們要出門了。」

「嗯？」

「媽媽剛才說什麼了？」

「不知道。」

「我再講一遍。我們現在要出門。媽媽說什麼了？」

「現在要出門。」

「那該怎麼做？」

「啊，我去穿衣服。」

應該這樣練習。孩子不是故意不聽媽媽講話或故意惹事生非，孩子根本不知道自己的問題出在哪裡，孩子只是缺乏注意力訓練而已。如果在這種情況下，訓斥孩子的話，只會讓孩子的性格和品行出現問題。媽媽不應該對著孩子的後腦勺、側臉和頭頂講話，而是要看著孩子的眼睛、慢慢地講話。最重要的是，讓孩子重複自己講的話。經歷過這種過程的媽媽說：

「真的是注意力不足。用了這個方法後，孩子一下子就變了。好神奇啊。」

心理對話方法② 停下來、思考和選擇（Stop Think Choose）

正在玩桌遊的孩子，突然放下手中的卡片，跑到玩具架前拿起一個新玩具。有時注意力不足，很散漫的孩子會做出這種衝動行為。

「玩完這個再玩別的。整理好才能拿其他的玩具。媽媽都說不行了。」

即使媽媽這樣講也沒有效果。首先，應該讓孩子停下來，即使是孩子因為不順心而大喊大叫，或亂丟東西的時候也是一樣。要馬上讓孩子「停下來，STOP!」如果平時有玩紅綠燈遊戲的孩子，只要喊「停!」就可以了。如果喊了停，孩子也不停下來的話，就走過去溫柔地抱住孩子或握住孩子的手，看著他的眼睛說：

「等一下，先停下來！停下來！做得很好。」

必須這樣進行對話。如果孩子停下來了，接下來就要詢問孩子的想法。

「你為什麼突然拿這個玩具呢？」

「我想玩這個。」

「啊，原來是想玩這個玩具。那現在玩的遊戲呢？」

「不想玩了。」

「不想玩是因為怕輸，還是覺得太難呢？」

「嗯。」

「啊！那好，媽媽知道了。那你學媽媽這樣講：我現在不想玩這個了，想玩別的遊戲。」

接下來，孩子要能重複媽媽的話。這是練習的過程。如果想改掉孩子玩遊戲怕輸的態度，就要展開下面的對話。讓孩子停下來後，對孩子說：

「但你想一想，覺得自己快要輸的時候，可以不玩但也可以玩完一局以後再挑戰一次啊。現在你想怎麼做呢？」

媽媽肯定希望孩子選擇後者，但無論孩子做出怎樣的選擇都沒有關係。反覆與孩子進行這樣的對話，過不了多久孩子就會嘗試挑戰了。父母無需心急，只要等待就好。

「停下來，思考，做選擇」方法的核心，是讓孩子體驗在衝動、散漫的時候能夠暫時停下來，思考現在在做什麼和自己的想法，然後做出選擇。這樣一來，會讓孩子產生力量來調節散漫的心。讓孩子體驗，在萌生衝動的想法時，做出正確的選擇並成長。

心理對話方法③　大聲說出想法（Think Aloud）

正在認真看書的孩子，因為受到外面噪音的影響而無法集中注意力時，可以對孩子說：

「聲音妨礙你了吧？這時可以對自己說：『集中注意力看書』。」

雖然可以在心裡默念，但4至7歲的孩子講出來才更有效果。平時可以教孩子對自己講話，並且多加練習。

- 要集中！集中！集中！
- 玩到最後吧！
- 就算難，我也可以做到。
- 我不會放棄。

像這樣，對自己講話養成習慣後，這些句子就會變成孩子內心的聲音，進而幫助孩子調節注意力。「大聲說出想法」是透過語言表達想法，來促進認知功能和記憶力的方法。在開始學習前，大聲說出自己的想法，也可以提高自我調節力。研究報告指出，為了幫助帶有攻擊性的兒童而發明的方法，也有助於提高一般兒童和障礙兒童的認知能力。在孩子的日常生活、學習和與他人相處時，在做出衝動性行為之前，進行自我對話（Self Talk）或能夠大聲說出自己的想法，有助於孩子提高認知能力和解決社會問題的能力。遇到以下情況時，這種方法都會有幫助。

- 出現注意力分散或做出衝動行為的時候。
- 缺乏自我控制力和自制力的時候。
- 無法預測自己行為結果的時候。
- 不熟悉有效解決問題的方法的時候。
- 認知發展遇到困難的時候。
- 人際關係遇到困難的時候。

我們再來了解一下，如何使用這種方法來提高孩子的學習能力。如果父母想教孩子做好課前準備的話，不妨先用語言表達一下，在準備過程中想到的事情。

「得確認一下有沒有準備好上課需要的東西。都需要什麼呢？」

「課本、筆記本、鉛筆、橡皮擦，還需要什麼？」

「現在都準備好了吧？」

像這樣，父母自然地說出自己的想法，孩子也會跟著照做。如果孩子因為不順心，用鉛筆亂劃或是要一張新紙的時候，不妨使用這個方法。為了讓孩子對說出自己的想法沒有排斥感，最重要的是營造出帶有共鳴和幽默的氣氛。熟悉這種方法的孩子會這樣表達：

「媽媽（爸爸），我要畫小狗。哎呀，畫得好奇怪。我想重畫，再給我一張紙吧。」

如果能將自己內心的想法及時用語言表達出來，就不會興奮或做出衝動的行為了。為了教孩子「大聲說出想法」，需要父母先來做示範。父母邊說出自己的想法邊畫畫，孩子就會跟著學起來。這樣的過程就是示範教學，孩子會自然而然地學習這種方法，同時也能學會畫畫。

「媽媽（爸爸）要畫一朵向日葵。中間用黃色，邊邊用褐色，葉子再加點橘色，這樣會更好看。你在按照自己的想法畫嗎？」

玩拼圖的時候也可以使用這個方法，用語言來表達思考的過程。

「我們來玩拼圖吧。把相似的顏色收集在一起，要注意這些線和形狀。」

孩子重複幾次父母表達的過程，不知不覺間自己就會開口講話了。起初孩子會模仿父母，漸漸地才會說出自己的想法。

「按照想法做得很好，因為慢慢集中注意力了。」

之後，孩子還會漸漸地表達自己的感情。從起初只會說「好傷心」發展到「我和媽媽約定好了，但我沒有遵守約定，所以媽媽唸我。我很難過也很內疚。我錯了。」

如果能這樣訓練的話，孩子就可以在做出衝動行為前，先停下來思考。在學習上遇到困難時，也可以透過思考來解決問題。希望大家記得，每當和孩子一起使用某種方法時，開始就是成功的一半。只要能成功2至3次，之後這些方法就會變成孩子自己的方法。如果孩子習慣於用具體的語言，來表達模糊的感情和想法，就可以調節自己的情緒，做出明智的判斷。因為不斷說出內心的感受和想法，才是調節和控制思緒的過程。

心理對話方法④　將負面的自我意象轉換成正面的自我意象

孩子出生後，從能聽懂話的2至3歲開始，最常聽到的話是什麼呢？

「怎麼這麼散漫呢？一刻也停不下來。安靜一點！」

如果孩子經常聽到這種話，會形成怎樣的自我意象呢？孩子會形成「我很散漫、一刻也停不下來、不安靜、我本來就是這樣」的負面自我意象。孩子會按照這種負面的自我意象去行動，因為這樣定義了自己，所以不會做出任何努力，也不會對自己抱有任何期待。正因為這樣，為了提高注意力，必須將負面的自我意象轉換成正面的自我意象。

因為孩子會受到外部的影響，所以即使父母沒有放任、強迫和控制孩子，孩子也會變得散漫。對孩子而言，老師和朋友既是很重要的環境，同時也會成為倍感壓力的因素。有時朋友講的一句負面的話，會比父母的話更加致命。「你長得真醜。你怎麼做不好呢？」這種話就算只聽過一次，很多孩子也還是會受傷很久，而且這種話會很容易形成負面的自我概念。壓力會導致不安和憂鬱，做事時會焦慮不安，注意力、集中力下降，因忍耐力不足，延遲滿足能力也會明顯低於同齡的孩子。最後的結果，只會讓注意力不足的問題變得更嚴重。

「只要我下定決心就能忍住。我可以不亂動手和腳。我可以認真聽爸爸和媽媽講話。」為了讓孩子形成這種正面的概念，就要讓他們實際體驗成功。多次累積成功的經驗後，孩子就會發生正面的變化，也會期待看到集中注意力和完成任務的自己。但這種正面的自我意象不是說有就有的，必須要有經驗和證據。再怎麼鼓勵孩子也不見效果的原因，就在於孩子很難理解自己沒有經歷過的事情，所以要找出證據來支持他們。在玩遊戲的時候，看到孩子認真聽自己講話，就要馬上給予稱讚。

「哇！謝謝你認真聽媽媽（爸爸）講話。玩遊戲也可以做到集中注意力聽媽媽（爸爸）講話。」

這種有依據的稱讚，有助於孩子形成「我可以忍耐，我做得很好」的正面自我概念。

注意力不足的孩子，會對瞬間的刺激做出反應，不僅散漫，而且難以注意細節。這樣的孩子會丟三落四，而且不擅長整理物品；在與他人對話時，也經常偏離主題，想到什麼說什麼。因為注意力不足，所以很難完成任務。希望大家可以幫助孩子形成健康的自我概念，同時也能愉快地陪孩子一起玩可以實際提高注意力的遊戲。

父母和孩子一起玩注意力遊戲的力量

玩遊戲是培養注意力的有效方法，透過有趣的遊戲來進行高水準的訓練和練習。其實，注意力遊戲很簡單。研究結果表明，注意力不足的孩子，在開始學習前玩10分鐘左右的遊戲，集中力會提高2至3倍。這種成功的經驗不僅讓人感到欣慰，還會培養孩子的自信和自我調節力。請相信持續做有趣的遊戲，可以看到孩子驚人的變化。接下來，讓我們來了解父母和孩子可以一起玩的注意力遊戲吧。

視覺和聽覺，是人類大腦接收資訊的兩種方式。聽覺注意力是聽、理解和表達的重要因素，對於尚不識字的4至7歲孩子而言，聽覺注意力尤為重要。傾聽他人講話的聽覺注意力，可以視為培養學習能力的初步核心能力。聽覺注意力不足時，會出現以下的現象：

- 沉迷於某件事時，即使別人叫名字也聽不見。
- 不聽對方講話，只顧自己講話。
- 即使下達指示，也會做出莫名其妙的行為。
- 經常忘記一再重複內容。
- 總是反問「你說什麼？」。
- 總是答非所問。

視覺注意力是指在眾多的視覺刺激中，有選擇性的集中注意力，做出正確判斷的能力。學習時，視覺注意力是特別重要的能力，因為閱讀書籍、觀察事物都是學習的過程。我們常說的「我看錯題目了」，幾乎都是出於視覺注意力的問題。

視覺注意力還可以細分為視覺辨別、空間關係、視覺完形和視覺協調能力等類型。視覺辨別是指在類似的物體中，能夠辨別出某個物體與其他物體不同之處的能力，也是能將文字、數字和圖片等與其他資訊區分的能力。空間關係是指辨別物體位置和方向的能力。視覺完形，則是指即使沒有看到完整的物體，也可以推測出完整物體的能力。視覺協調能力，是指透過視知覺將實際獲得的資訊轉換為行動的能力。這樣細分類型看似複雜，但只要集中練習其中需要補足的一種類型，其他幾種類型就會隨之有所好轉。

視覺注意力不足的話，在日常生活中畫畫、塗鴉、拼圖、摺紙、剪紙和繫鞋帶都會遇到困難。學習時也會在讀、寫和算數上遇到困難。不僅會分不清「b」和「d」，也會搞混「6」和「9」、「+」和「−」。若從小沒有透過遊戲進行視覺注意力的訓練，那麼真正開始學習時就會變得吃力。視覺注意力不足時，會出現以下的現象：

- 出現閱讀錯誤的問題。
- 即使看到文字或數字，也會搞混內容。
- 要找的東西就在眼前，但還是看不到。
- 伸出兩根手指，但仍反問是幾根手指。
- 無法在限定時間內閱讀和理解內容。
- 無法理解圖表和資訊。

注意力分散是指無法專心做事，總是分心於其他的事情。父母要注意的是，孩子不是故意這樣，所以僅憑意志力很難解決問題。希望大家了解提高聽覺和視覺注意力的遊戲方法，和孩子一起度過愉快的遊戲時間。

這裡還要牢記一件事，4至7歲的孩子有集中注意力的平均時間。研究顯示，5歲的孩子集中注意力的時間為7至10分鐘，國小低年級在15至20分鐘，高年級則在30分鐘左右，國中生可以維持在50分鐘左右。很多父母在不了解這一事實的情況下，為孩子無法長時間集中注意力而擔心。當然根據父母的做法，也是可以拉長平均時間。

10種培養聽力的聽覺注意力遊戲

聽覺注意力遊戲① 跟讀數字和反說

考慮到4至7歲孩子的能力，開始可以先從兩個數字開始。父母說出3、5後，讓孩子按照順序跟著讀出來，然後再反著說出剛才的數字。這時，最重要的是對話。如果孩子做得好要給予稱讚，即使出錯，也要笑著給予鼓勵。下面這組對話，可以應用在所有的遊戲中，只要愉快地與孩子展開對話，遊戲一定會成功。

「哇！好棒喔！因為你集中注意力，所以這麼難也做到了！三個數字成功了，那我們來挑戰一下四個數字吧？」

「比想像中難吧？媽媽（爸爸）也覺得很難。我們再來集中注意力挑戰一下。哇！好厲害喔！這麼難也堅持到底了！」

父母：跟我說，3、5。

孩子：3、5。

父母：反過來說說看。

孩子：5、3。

如果兩個數字得心應手的話，接下來可以提高難度，挑戰三個或四個數字。這個遊戲不僅要把注意力集中在聽，還要發揮記憶力才能反著說出數字，所以對聽覺注意力和認知能力的發展都有很大的幫助。事實上，這個遊戲也是智能測驗中很重要的一個項目。

聽覺注意力遊戲② 跟讀單字和反說

遊戲方法和數字一樣。跟讀單字很簡單，所以也可以反過來說。

・2個字：小狗↓狗小，獅子↓子獅，駱駝↓駝駱，玫瑰↓瑰玫……
・3個字：高爾夫↓夫爾高，幼稚園↓園稚幼，向日葵↓葵日向……
・4個字：牛肉漢堡↓堡漢肉牛，拼圖遊戲↓戲遊圖拼，高樓大廈↓廈大樓高

像這樣玩遊戲，即使講錯也沒關係，一直出錯也沒關係。重要的是，在這個過程中，要能愉快地集中注意力玩遊戲。

聽覺注意力遊戲③　反著唱歌

反著唱歌是前面兩個遊戲的升級版。令人遺憾的是，最近這個遊戲幾乎消失了。這是我們小時候經常和朋友玩的遊戲，這個遊戲非常有助於提高注意力。

讓孩子來反著唱歌吧。只有認真聽，才能正確地反著唱出來，孩子也會覺得很有趣。先正常的唱完一首歌，然後反著念出每一句歌詞，最後再反著唱出來。這個過程必須集中注意力，出錯的時候也要能笑著幫助孩子。不知不覺間，孩子會萌生想要做好的意志，進而更加認真、努力。希望父母和孩子透過這個遊戲度過愉快的時間。

- 鯊魚寶寶嘟嚕嚕嘟嚕↓嚕嘟嚕嚕嘟寶寶魚鯊
- 三隻熊住在一起↓起一在住熊隻三

聽覺注意力遊戲④　去市場

大家都知道「去市場」遊戲是記憶力遊戲，但其實因為要認真聽前面的人講的物品，然後再加上一個物品，所以對訓練聽覺注意力和記憶力都很有幫助。

去市場，有蘋果

去市場，有蘋果，有包子

去市場，有蘋果，有包子，有蘿蔔糕……

應用遊戲還有「喊出水果名字」的節拍遊戲。玩遊戲的人輪流說出一個不同的水果名字，然後其中一個人說：「三個蘋果」後，大家一邊跟著節奏拍手一邊說：「蘋果、蘋果、蘋果」。這個遊戲不僅要認真聽，還要有節奏的拍手，所以能夠非常有效的提高聽覺動作協調能力。輪到自己時，要講出下一個人的水果名字，所以也是很需要動腦的遊戲。

聽覺注意力遊戲⑤ 計算機

孩子根據父母念出的數字，在計算機上按出相應的數字。這個遊戲看似簡單，但聽覺注意力不足的孩子會很容易出錯。可以漸漸提高難度，從兩個數字增加至三個數字。孩子熟悉遊戲後，可以再加入加減。因為這個遊戲不是練習加減法，而是練習聽力，所以就算孩子不會算加減也沒有關係。事先寫出問題和正確答案，讓孩子來確認自己按後的結果，每次成功時都可以感受到成就感，失敗的話，就鼓勵孩子堅持到成功為止。

聽覺注意力遊戲⑥ 鼻子、鼻子、鼻子、鼻子、眼睛！

「鼻子、鼻子、鼻子、鼻子、眼睛！」手指有節奏的點幾下鼻子，然後在喊出眼睛的時候，手指點在耳朵或嘴巴等臉部其他部位。這個遊戲不是要用眼睛看，而是要用耳朵聽，阻斷視覺帶來的刺激，集中練習聽力。若想練習視力，可以反過來，眼睛跟隨對方的手指，說出不同的部位，這樣有助於提高視覺注意力。通常看著做比聽著做更容易。透過玩遊戲可以看出孩子缺乏哪種注意力，反覆玩這個遊戲可以幫助孩子提高相應的注意力。

「鼻子、鼻子、鼻子、鼻子、眼睛！」遊戲還可以換成數字。按照「喊出水果名字」的遊戲方法，拍三下手，拍第三下的時候，手指比2，但喊出3。接下來的人看著手指說出數字2，同時用自己的手指比出下一個數字。這個遊戲很有難度，但慢慢反覆進行多次後，孩子也可以玩得得心應手。

聽覺注意力遊戲⑦　邊唱歌邊在特定的字拍手

這是邊唱歌邊在唱到特定的字時拍手的遊戲。事先講好在唱「小星星」時，出現「星」字時拍一下手。這個遊戲，有助於提高聽覺動作協調能力。如果孩子熟悉了遊戲，還可以再增加一個特定字；一首歌裡指定兩個特定字，唱到相應的特定字時就拍一下手。

聽覺注意力遊戲⑧　製作問答題，填寫（）

給孩子講一個簡短的故事，特定的單字讀作（），讓孩子找出適當的單字填在（）裡。根據字數給出提示，即可以讓孩子理解文章的脈絡，也可以訓練聽力。比如，給孩子講完《金斧頭與銀斧頭》的故事後，寫出問題「樵夫不小心把自己的（）掉進了河裡。」讓孩子來填括號裡的詞彙。這個遊戲需要認真聽故事並且思考，所以不僅有助於聽覺注意力，還對故事脈絡、思考詞彙的思考能力和理解能力幫助很大。

聽覺注意力遊戲⑨　讀錯字

這是為識字的孩子準備的遊戲。父母在讀書時，故意讀錯字，然後讓孩子找出讀錯的字。把簡短的伊索寓言列印出來，讓孩子用彩色筆圈出錯字，會使遊戲更有趣。但讀錯字比想像的有難度，仔細聽故事，找出錯字，不僅有助於提高聽覺注意力，而且可以減少孩子對於文字的壓力。如果是因為總寫錯字而倍感壓力的孩子，不妨讓孩子來讀故事。因為是在玩遊戲，所以即使讀錯也沒有關係。這個遊戲，可以成為轉換孩子對文字負面印象的契機。

聽覺注意力遊戲⑩　藍旗白旗舉起來

我們習慣於用藍旗和白旗來分組，當然使用其他顏色也無妨。利用木筷和彩紙製作兩把不同顏色的旗子，紅色彩紙為紅旗，藍色彩紙為藍旗。孩子一手舉一個旗子，根據父母喊出的口號做出動作。

「紅旗舉起來，藍旗放下，藍旗舉起來，紅旗放下。」

父母可以根據孩子的執行能力來調節速度，讓孩子來扮演下達指示的角色會讓遊戲更有意思。集中注意力喊出口號，也對提高聽覺注意力很有幫助，而且下達指示時需要思考，因此也有助於提高思考能力。

10種培養視力的視覺注意力遊戲

視覺注意力遊戲① 找出相同的圖片

讓孩子在多張不同的圖片中，找出與父母手中的圖片相同的圖片。這個遊戲不僅有助於提高視覺注意力，也對提高記憶力很有幫助。

視覺注意力遊戲② 看圖找物

這是找出隱藏於畫中物品的遊戲。理解物品的特徵後，透過在相似的畫中找出物體的過程，可以幫助孩子提高視覺注意力和觀察力。

視覺注意力遊戲③ 找碴遊戲

在看似相同的兩張圖片中找出不同的內容。這個遊戲需要更為細緻的觀察力。這種帶有挑戰性的遊戲，可以激發孩子的興趣，帶動認知能力的發展。適當的增加難度，更能激發孩子的認知興趣。

以上提到的三種視覺注意力遊戲，很容易在網路或書店找到資料。這些遊戲可以幫助孩子提高持續性注意力、不受干擾，專心完成目標的能力，以及在受到干擾時能夠做出判斷的選擇性注意力。如果限時玩遊戲，更能激發孩子的興致，也對發揮瞬間集中力很有幫助。每天玩5至10分鐘左右，很快就能看到顯著的效果。

視覺注意力遊戲④　找出圖中缺少的內容

找出圖中缺少的內容，其實是智能測試中的一個小測試。向孩子展示多種事物的圖片，讓孩子從中找出缺少的內容。這個測試不僅可以看出孩子的辨別能力，還可以看出孩子對於細節的觀察力、集中力、推論能力和視知覺能力。不過這個遊戲的資料相對較少，需要父母發揮編輯能力製作圖片。比如，一根蠟燭沒有點燃的蛋糕、缺少一條背帶的書包、沒有扣子的衣服等。孩子找出缺少的內容後，還可以進行「填空」的畫圖遊戲。

「你是怎麼發現這裡少了一部分？」

「好厲害。你找到了很好的戰略耶。」

透過這樣的對話，鼓勵孩子找出戰略也很重要。

視覺注意力遊戲⑤　迷宮遊戲

出乎我們意料的是，孩子很喜歡玩迷宮遊戲。繞開封閉的地方尋找通路，體驗成就感。在玩迷宮遊戲的過程中，需要發揮推理能力和視覺動作協調能力，同時還可以提高計畫能力和視知覺能力。孩子熟悉遊戲後，也可以限時來玩遊戲。

如果孩子衝動地亂畫或總是畫到線外面，可以先讓孩子停下來，傳授方法。先用視線找出一個區間的通路，再用鉛筆畫下來，然後以同樣的方法一點一點走出迷宮。這樣做可以提高孩子的調節能力和注意力。

視覺注意力遊戲⑥　拼圖遊戲

拼圖遊戲不僅可以提高視覺注意力，還可以提高觀察力和持續性注意力。利用每塊拼圖拼出一幅完整的圖，還可以培養視覺動作協調能力、平面組合的概念，與對空間的認知能力。拼圖分為有拼圖板和沒有拼圖板兩種，有拼圖板的拼圖很容易完成，只要將拼圖放入邊框中即可。使用沒有拼圖板的拼圖更有效果，但即使購買了有拼圖板的拼圖，也可以不使用拼圖板進行拼圖。

剛開始玩拼圖時，不建議選擇高難度的拼圖，最好從只需10至20分鐘左右的拼圖開始。拼圖遊戲因人而異，沒有玩過拼圖遊戲的5歲孩子，就算是20塊拼圖也會覺得很難。得心應手的孩子，哪怕是一百塊拼圖也可以很快完成，因此需要選擇適合孩子的拼圖。完成拼圖後，拍照留念，然後再鼓勵孩子挑戰下一個拼圖。孩子喜歡重複相同的遊戲，所以可以打亂拼好的拼圖重新再拼幾次。

將孩子的畫、日曆或雜誌剪成適當的尺寸和數量，來玩拼圖遊戲也很有效果。出門在外沒有玩具的時候，可以使用這種方法。

視覺注意力遊戲⑦　照鏡子遊戲

兩個人面對面，一個人扮演照鏡子的人，另一個人扮演鏡子。扮演鏡子的人模仿照鏡子的人的表情和動作。一開始時利用四肢做出肢體動作，之後漸漸利用面部肌肉做出各種表情。比如，閉一隻眼睛、噘嘴、摸頭髮、擴張鼻孔、笑臉和哭臉等。觀察、模仿對方的表情和動作，有助於培養視覺注意力和社交敏感性，透過遊戲還可以獲得情感上的滿足感。

視覺注意力遊戲⑧　找顏色

準備好紙和色鉛筆。在家中找出特定顏色的物品，找出最多物品的人獲勝。找到物品時，可以在紙上寫出物品名稱、畫圖或利用符號記錄。透過這個遊戲可以讓孩子觀察到平時沒有注意到的物品，細緻觀察周圍的事物，拓展視野。

視覺注意力遊戲⑨　尋找消失的物品

將鑰匙、玩具汽車、鉛筆、尺、橡皮擦、乳液、一隻襪子、手帕、髮夾等十種物品擺放在孩子的面前。待孩子觀察後，矇住孩子的眼睛，拿走一種物品藏起來，然後讓孩子說出少了什麼。

「你好好看一下這十樣東西，等一下矇住你的眼睛後，媽媽會拿走一樣東西。

你要找出少了什麼。給你一分鐘的時間好好觀察。開始！」

如果是6至7歲的孩子，可以轉換為記憶力遊戲。同樣在孩子面前擺放十種物品，待孩子觀察後，遮住所有物品，讓孩子說出十種物品的名稱。雖然一開始不能全部說出來，但可以漸漸地提高孩子地觀察力、注意力和記憶力。

視覺注意力遊戲⑩　分類顏色和形狀

積木是多種顏色和形狀的玩具。根據孩子的年齡不同，可以提出一種條件，按照顏色分類或按照形狀分類。如果孩子得心應手的話，可以同時提出兩種條件，按照紅色圓形和藍色三角形分類，也可以利用彩紙剪出不同的形狀來玩遊戲。

開始利用玩具玩遊戲，之後可以擴展到日常生活中的事物。比如，剪下蔬菜的圖片，按照顏色分類或根莖類、莖類、葉類和果實類等種類分類。透過這種方式擴展的遊戲不僅可以幫助孩子提高視覺注意力，還可以提高對事物屬性的理解。

Part 4

孩子成長的魔法鑰匙III.自我調節力

STEP 1

沒有自我調節力，就無法談及學習

從5至7歲，這兩年間發生的事

Q：孩子不想學習的時候，能自己調整心態，重新集中注意力學習嗎？

Q：孩子不想學習的時候，父母能調整孩子的心態，讓孩子重新集中注意力學習嗎？

4至7歲的孩子當然不可能自己調整心態學習，因為他們還沒有學會調整心態的方法，這需要父母教會孩子。但父母真的知道如何讓討厭學習的孩子調整心態，重新集中注意力，輕鬆完成當天作業的方法嗎？

遺憾的是，很多父母都不知道方法。即使知道，也會在大多數的情況下，使用以獎賞的方式誘惑孩子，又或者是強迫孩子去學習，在這種情況下，對孩子進行認知教育，很有可能會讓孩子討厭學習。若希望將孩子培養成一生熱愛學習、懂得探索與研究的孩子，就應該教會孩子如何擁有學習的「心智工具」。

開始學習的4至5歲孩子，到了7歲會變成什麼樣子呢？我們都知道，根據父母的信念和育兒方法，以及這兩年間孩子經歷的事情，可以決定孩子2至3年後的樣子。但很多父母因為一時的欲望和憤怒，錯過了有效的教育方法。我們來比較一下正賢5歲和7歲時的樣子，思考一下在育兒的過程中應該怎麼做吧。

〈5歲的正賢〉

・情緒

正賢很開朗，總是把笑容掛在臉上，幼稚園的老師和同學都很喜歡他。但是如果同學不聽自己的話，正賢就會發脾氣大喊：「我討厭你。」有人阻止正賢說「不可以」的時候，正賢就會大哭，而且一旦生起氣來，就要用很長的時間哄他。

・學習態度

正賢說想學鋼琴，於是參加了鋼琴課。但正式上課後，正賢卻不聽老師的話，想做什麼做什麼。做5歲孩子使用的練習本時，簡單的題可以迎刃而解，但遇到稍微困難的題目時就說不想做了。正賢不喜歡完成畫畫作業，但卻喜歡隨便亂畫。

・父母的教育觀

媽媽希望把正賢培養成喜愛書籍的孩子，所以從小給他讀書。媽媽覺得早期教育很重要，計畫等孩子6歲時開始教他識字和數學。媽媽反對懲罰式的教育方式，認為應該循序漸進地教孩子學習。

爸爸覺得早期教育沒有必要，等孩子上學以後，會自然而然地接受教育。雖然爸爸不反對媽媽給孩子讀書，但自己卻不喜歡為孩子讀書。媽媽經常嘮叨叫爸爸不要一直給孩子看影片。爸爸認為媽媽的過度積極和敦促會讓孩子的性格變壞。

5歲的正賢與同齡孩子的特徵沒有太大的差異。平時喜歡玩遊戲，性格開朗，很受大家歡迎。雖然正賢有時做事略顯被動，不順心時還會生氣、大哭大鬧，而且需要很長時間才能鎮定下來。

但是僅從這些事來看，我們很難說孩子存在問題。若日後父母也以同樣的方法教育孩子的話，想必會有所改善。但相反的，也一定會帶來負面的變化，可能潛在的因素會浮出水面，逐漸演變成新的問題。

接下來，讓我們仔細觀察一下，這樣的正賢到了7歲時的樣子與其情緒和認知發展；並更進一步再觀察，正賢累積了多少將成為一生學習能力和學習資產的背景知識和默會知識，以及是否培養出注意力和自我調節力。

〈7歲的正賢〉

・情緒

孩子開朗、愛笑，喜歡跟同學開玩笑。雖然不像從前那樣愛哭了，但遇到困難時還是想迴避、放棄，而且總是纏著媽媽。父母參加幼稚園的參觀上課日時，看到孩子非但不看老師，還不按老師說的做，而是看著旁邊的同學才能勉強做一些事。媽媽很擔心孩子是不是注意力不足。

・學習態度

媽媽請了教國語和數學的家教老師，但正賢一心只想跟老師玩，不喜歡上課。媽媽還送正賢參加英語補習班，起初孩子可以輕鬆地上課，但上課次數變多以後，開始討厭去補習班了。媽媽依然每天堅持給孩子讀30分鐘至1個小時的書，每天讓孩子聽15分鐘的英語童話故事，因為這是要在規定時間內做的事情，所以孩子會勉強照做，每次學習時，正賢總是唉聲嘆氣。雖然鋼琴課沒有中斷，但正賢卻說不喜歡練習、不想去上課了。

・父母的教育觀

爸爸漸漸變成嚴厲懲罰式的教育態度。之前經常阻止媽媽教孩子的爸爸，看到孩子不學習或做錯事時會勃然大怒，對孩子大喊：「這麼簡單，為什麼不會？」還拿孩子跟自己小時候做比較。媽媽上前勸說阻止爸爸時，爸爸卻更加惱羞成怒地說自己沒有生氣。家裡頻繁發生這種情況。

父母看到孩子不喜歡學習的態度沒有好轉，變得越來越擔心了。看到別人家聰明伶俐的孩子時，會很擔心正賢落後於其他的孩子，同時變得更加焦慮不安了。媽媽努力尋找教育資訊，但卻毫無頭緒，不知道該怎麼做。

得益於媽媽給孩子讀書，7歲的正賢多少累積了一些背景知識，但由於沒有在生活中透過各種經驗累積默會知識，加上沒有使用把興趣與學習相連的學習方法，所以學習變成孩子感到枯燥無味的作業。無論是國語、數學還是英語，孩子都沒有表現出興趣和熱情。因為缺乏自信，遇到困難時，就只會發脾氣，孩子沒有學習到控制情緒和如何表達自己的情緒。在這種情況下，孩子不可能培養出注意力和學習能力。

為了未來20年的學習，4至7歲需要做的準備

在5至7歲這兩年時間裡，我們沒有看到孩子發生正面的變化。為什麼情緒上的問題會變得越來越嚴重呢？在學習方面，孩子迴避、反感、煩躁的態度也越來越嚴重了。只有對學習產生熱情和好奇心，才能積極地去學習，但正賢卻未能如此。對於經歷這種過程的孩子而言，學習究竟代表什麼呢？

4至7歲期間，可以培養出孩子喜歡學習和覺得學習有趣，以及克服難題的力量。為此需要做好心理和精神上的準備：知識、注意力和自我調節力。但正賢卻在4至7歲期間，只準備了一些背景知識，未能練習注意力和自我調節力。在這種情況下開始學習的話，學習就只會成為孩子克服和忍耐的對象，所以會選擇迴避、放

棄。在孩子的一生中，未來還需要學習20多年，但如果4至7歲期間就這樣面對學習的話，未來會是什麼樣子也就可想而知了。

為了正賢未來20年的學習，我們再來思考一下，從現在開始應該準備些什麼吧。前面已經充分說明了比起學習國語、數學和英語等知識，更重要的是找出孩子心理上缺少什麼，並理解這對孩子今後20年的學習會產生怎樣的影響。但儘管如此，如果父母還是無法擺脫舊有的教育觀念，或者出於自己的不安，仍堅持強迫孩子和其他孩子一樣學習的話，那麼很遺憾的是，孩子就只會越來越排斥學習，與父母的矛盾也會越來越深，孩子未來的求學之路也會走得很辛苦。

父母都希望把孩子培養成喜歡學習的孩子，就連嘴上說成績不好也沒關係的父母，也都在內心希望孩子能在自己喜歡的領域成為佼佼者。學習正是如此，所以更應該培養出孩子的學習能力。

4至7歲的孩子還很小，而且才剛開始學習，只有讓孩子感受到「學習真有趣，我可以做得很好，學到知識好滿足、好開心」，才能培養出學習能力。除此以外，還要讓孩子學會「就算在學習上遇到困難，但只要克服過去就可以做得更好」。以綜合知識和注意力為基礎，再加上自我調節力的話，孩子相伴學習的人生，一定會帶來耀眼的變化和發展。就像目前為止努力的那樣，希望大家未來也可以使用正確的、有助於孩子成長的方法來教育孩子。

孩子現在需要的是自我調節力

自我調節力是指為了達成目標，自己制定計畫，並且能夠克服外界的妨礙因素，調節自己的情緒付諸行動的能力。俄羅斯的心理學家李夫・維高斯基認為，自我調節力是孩子用語言表達自己的目標且能集中注意力、持續行動的能力。簡而言之，自我調節力就是根據情況調節情緒，適應世界的能力。從小具備自我調節力的孩子，到了青少年時期也能持續學習和發展。那麼具備自我調節力的孩子在4至7歲期間會是什麼樣子呢？

一個孩子在畫畫，另一個孩子走過來提議一起玩球。孩子想了想，回答說：

「我想先畫完畫再玩球。你先去玩別的玩具，等我一下好嗎？」

這個孩子沒有停下畫筆，還教朋友先去玩別的玩具等自己，控制了周圍的情況。當然，在說出這句話以前，孩子也猶豫了一下。在想要達成畫完畫的目標以前，出現了妨礙自己的因素，而且這個妨礙因素很誘人，但孩子沒有動搖目標。孩子想了想如何可以做到這兩件事，既可以完成自己的目標，同時又能和朋友玩球。由此可見，這個孩子具備了控制周圍狀況的能力。這個孩子發揮自我調節力的過程如下：

第一，自我調節是設定目標，找出能夠實現目標的方法並付之行動。

第二，自我調節是調節情緒，調節情緒與控制想法緊密相連。

由此可見，**自我調節力是指調節情緒和想法，進而左右行動，能夠在社會狀況**

下調節身心的能力。這種能力可以為了目標延遲滿足，即使沒有外部因素影響也可以持續行動。**自我調節力之所以重要，是因為它最終會成為提高認知能力的主要因素，以及影響學業和社交的重要能力。**

學者們將「認知調節、情感調節、行動調節、動機調節」定義為構成自我認知能力的四大要素。調節自己的情緒，且在眾多的想法中做出明智的選擇，與此同時做出正確的行動，並對該行動作出評價。調節對於學習的負面情緒，整理出學習的目的和動機，以及更有效的學習方法，然後以此為基礎付出行動。經歷這樣的過程以後，可以確認：不具備自我調節力的孩子，肯定會在情緒、認知和行動上遇到困難。

4至7歲的孩子開始學習時，比起思考選擇什麼教具、使用什麼方法，更重要的是培養孩子具備自我調節力。在正式開始學習以前，讓我們先來仔細了解一下，如何培養孩子的自我調節力。

STEP 2

自我調節力擁有的力量

自我調節力與大腦發育的關係

每次提到大腦時，因為相關用語很難且陌生，所以我總是很苦惱應該如何解釋大腦在左右孩子的心理和行動上所發揮的影響。請大家就像記住對孩子身體有益的營養成分一樣，也稍稍關注一下大腦知識吧。大腦相關的知識，真的會對孩子形成健康的心理和精神有很大的幫助。

腦科學家們強調，若要培養孩子具備自我調節力，必須在孩子出生後36個月以前，讓眶額皮質（OFC，Orbital Frontal Cortex）得到良好的發育，且在感覺、感情和理性之間建立連接。眶額皮質位於處理決策認知的大腦額葉前下方，眼睛的後方。眶額皮質受損的話，不僅會出現情緒障礙，做出社會無法接納的異常舉動，甚至還有可能引發情緒不穩定和性格變化等的其他障礙。

正因為這樣，我們更應該幫助孩子讓眶額皮質得到更好的發育。因為眶額皮質位於肉眼看不到的地方，所以很容易被忽略，只有清楚地了解若4至7歲期間眶額皮質沒有得到良好的發育會產生的後果，才能防患於未然。觀察眶額皮質未能良好發育的青少年，所經歷的心理問題更有助於理解。身為父母，誰都會盡最大的努力來教養孩子，但不幸的是，錯誤的方式和努力最終只會毀掉孩子。青少年父母的苦惱與4至7歲孩子父母的苦惱相比較時，很多時候會發現前者的苦惱已經嚴重到了無法估量的程度。以下是處在青春期的青少年的父母的苦惱：

- 11歲的兒子沉迷於遊戲和YouTube，根本沒辦法控制時間，而且還喜歡玩刺激性的遊戲。無論我怎麼勸說、訓斥他都沒有用。
- 在線上課程的時候，總是分心去看YouTube，根本不好好聽課。就因為這件事，我和孩子經常吵架。如果我在旁邊看著，他就說我監視他。不管他的話，只會變得更加散漫，真教人擔心。

- 孩子深更半夜躲在被子裡玩遊戲。這可如何是好啊？
- 真不知道應該怎麼管國中生用手機。我安裝了管理軟體，但孩子也有辦法解鎖，而且偷偷玩手機的時間越來越長了，真教人傷腦筋。
- 念國中的孩子玩遊戲的時候會罵髒話，而且時不時的發火，敲打桌子。無論我怎麼叫他，都沒有反應。
- 放學回來就開始玩手機，連補習班也不去了，幾乎放棄了學習。每天早上都發脾氣，不肯去上學。我真不知道該怎麼辦了。

我沒有嚇唬大家，這都是真實的案例。原本應該處在健康成長的青春期的孩子變成這樣，的確令人惋惜。但重點是，孩子不是突然之間變成這樣的。這是長期以來累積在孩子內心的心理、精神上的問題浮出水面。更為根本的原因是，孩子沒有養成根據情況調節內心的能力，最終因不具備成熟的自我調節力而衝動地掉進了誘惑、快樂的陷阱，又或者是想要迴避艱難的現實，逃離因挫折、絕望而喪失了熱情與動力的現實。

如果加上大腦的自我調節中樞發育不健全，等進入青春期後，被稱為快樂中樞的依核就會迅速發揮作用，讓人更加容易陷入快樂、成癮等的陷阱之中。如果只把這看成是孩子不努力的問題而敦促孩子的話，只會帶來更大的負面效果。必須了解孩子不得已的原因，清楚了解真正的原因來自於自我調節力。

若不了解大腦，就難以了解人類，也更難全面地了解成長中的孩子。很多人只會以努力至上的觀點來解釋失敗的結果，韓國文化中更是將一切歸咎在個人的努力上。這就好比讓還不會走路的孩子跑馬拉松，讓只會一句「Good Morning」的孩子在美國大學用英語演講一樣。

由此可見，自我調節力不僅僅是局限於心理上的問題，同時也要讓大腦的自我調節中樞——眶額皮質得到良好的發育。幸運的是，4至7歲是孩子邁出的人生第一步，從現在起，請大家以腦科學知識為基礎，培養孩子的自我調節力。

培養自我調節力的方法：依附和信賴，極限和控制

培養自我調節力的第一個方法是依附和信賴。為了使大腦的特定區域得到良好的發育，感覺需要某種尖端的科技，但事實上，大腦發育的基礎始於給予依附和信賴的親子互動關係。以穩定的情緒為基礎，**父母和孩子對視、微笑、愉快地互動，才是培養孩子自我調節力的第一步。十分神奇的是，父母給予孩子的愛，會對大腦發育起到很大的影響。**

理由很簡單。感情的大腦與理性的大腦緊密相連，所以只有在情緒穩定時，才會透過外部的刺激接收新的資訊，進而促進大腦發育。相反的，情緒不穩定的人，因為難以調節自己的情緒而倍感壓力，壓力荷爾蒙進而導致衝動。當感情的大腦比理性的大腦發育得更快時，就會形成錯誤的既有觀念和不合理的信念。最具代表性的狀況就是，孩子產生錯誤的信念，認為哭鬧可以解決問題。如果做不到自我調節，就只會越來越難以控制情緒，想要立刻滿足衝動和欲望。

培養孩子自我調節力的第二步是，當出現衝動和欲望的時候，設定並控制界

限。孩子會出於本能採取行動，看到零食就想吃，看到玩具就想玩，不喜歡做繁瑣、有難度的事情。我們很難讓這樣的孩子做自己不喜歡的事情。比如，有禮貌地打招呼、以端正的坐姿吃飯、整理玩具、洗臉、刷牙以及穿衣服。父母必須教會孩子做必須做的事情，控制自己不去做不該做的事情。

設定行為的界限，明確界限並進行控制並不是一件容易的事情，甚至還會覺得建立依附和信賴反而更為容易。不順心的孩子，會用雷鳴般的哭聲作出反抗，心軟的父母則會為了哄孩子做出讓步。這樣一來，最終只會讓孩子又遠離了提高自我調節力。

只有具備自我調節力，才能養成優秀的學習能力，進而培養出道德性，共感能力和溝通能力。雖然這已經成了理所當然的常識，但我們卻只看到那些早早識字、熟練算出數學題和英語流暢的孩子，然後再次被認知教育所誘惑。加上那些令父母感到不安的課外教育，以及從認知能力優秀的孩子身上感受到的嫉妒，產生錯誤的競爭心態，使得父母更加容易無視培養孩子的自我調節力。我們不應該忽略本質，輕易地被誘惑。

即使當下看不到顯著的認知成果，但具備自我調節力的孩子一定會慢慢成長起來。在面對難題時，孩子還是會不耐煩，但也會思考應該如何解決難題，判斷哪種方法更有效。遇到困難時，也會主動和父母或老師討論，這就是自我調節力。這種能力要比一天勉強完成5頁數學題、背下10個英語單字重要一百倍。無庸置疑的是，如果自我調節力很強的話，孩子就會自己制定學習的量和尋找適合自己的學習方法，自己來主導學習。

您希望自己的孩子怎樣成長呢？只為了追求眼前的成果強迫孩子學習的話，孩子可以勉強學習到幾歲呢？也許只有父母還不知道，孩子已經築起拒絕學習的高牆，就快要放棄學習了吧？

自我調節力與學習的關係

我們來了解一下自我調節力與學習的關係。現在的父母仍然相信只要聽老師的話，努力用功就能取得好成績，但現實並非如此。自我調節力不足的孩子很難發揮注意力，上課時也總是分心，只關注自己感興趣的學科。這樣的孩子怎麼可能專心學習呢？如果孩子聽話，可以立刻集中注意力就好了。要是孩子真的能這樣，我們也就不用苦惱了吧？

我們換一個角度，站在孩子的立場想一下。看到窗外蔚藍的藍天和朵朵白雲，自然而然地會展開各種想像，也會想走出教室到外面玩，這時，越看書心越煩。孩子不能集中注意力的根本原因是什麼呢？首先是因為缺乏控制外部刺激的能力，但**更根本的問題是，孩子對當下在學的內容沒有興趣，也沒有能學好的信心和學習的動機。正如前面提到的，需要讓孩子累積成功的經驗，從中培養學習的自信和動機，進而激發興趣。**為了解決根本的問題，現在要做的，是發揮選擇性注意力阻斷外界的刺激，然而發揮注意力的力量則是來自自我調節力。

4至7歲期間，自我調節力不僅會影響孩子的情緒成長，對認知發展和養成學習能力也影響極大。父母應該知道，不喜歡學習並不只是孩子的意志和努力的問題，而是未能具備自我調節力的問題。接著，就讓我們來詳細了解一下自我調節力對孩子的學習能力有什麼影響，以及如何才能提高、穩固孩子的自我調節力。**實現成功人生的重要條件之一是非認知能力，而在非認知能力中，尤為重要的能力就是自我調節力。**

一九八〇年代後期，以美國紐約市立大學心理學教授拜瑞．利莫曼（Barry Zimmerman）為中心展開的初期研究顯示，自我調節力是抑制衝動、延遲滿足、抵抗誘惑和挫折的力量，並且能夠適應各種社會狀況，以靈活的方法對應外部的刺激。特別是4至7歲孩子的自我調節力，將為日後的社交和學業帶來極大影響，因此父母的主要任務，是在這段時期培養出孩子的自我調節力。如果存在自我調節力的問題，那麼4至7歲的孩子就會變得好動和衝動，難以建立良好的人際關係。下列為學者們提出不同年齡階段的自我調節力的程度。

不同年齡階段的自我調節發展階段（Kopp,C.B.(1982)）

年齡階段	自我調節的發展階段
出生～3個月	為適應環境，出於生理本能性的調節階段。這個時期，孩子會做出像吸吮手指等本能性的動作，父母在控制孩子本能性的行為時滿足孩子的需求。孩子會透過自己的行動學習如何保護自己。
3～9個月	在環境中做出反應，連續且持續地改變行動的運動性自我調節階段。這個時期，可以認知外部環境，但無法理解同步狀況和自我認知。
9～12個月	能夠區分他人與自己的行為，形成初期自我認知和自我概念，學習自我調節力所需的自我評價和自我審視。
12～24個月	開始形成自我調節力，能夠認知自己和自己的行為，並理解養育者的要求。雖然開始形成自我調節力，但自我反省能力還處在不成熟階段。
24～36個月	開始形成回憶和思考能力，可以進行自我審視。將社會對自己行為的反應內在化，可將外部環境作為自我評價和自我審視的標準。
36～60個月	隨著能夠調節內心，進入發展語言和自我調節階段。該階段可以控制、審視自己的行為，進行自我評價和自我認知，以及表象和象徵性的思考，做出符合社會期待的行為。

從12～24個月，孩子開始能夠自我調節。從4歲開始，隨著大腦額葉迅速發育，將產生目標意識和注意力，進而為了獲得更大的補償產生延遲滿足等自我調節力。這裡重要的是，孩子從4歲開始就可以充分地學習自我調節，因此要從這個時間點對孩子進行正規的訓練。如果明白這一點，就不會以「因為孩子還小，所以沒關係」的心態放任孩子了。

4至7歲的孩子已經學會講話，因此這段時期會快速帶動自我調節力的發展。而且在日常生活中，可以很明顯的看到孩子的行為帶有目的性，所以為了孩子實現自己的目的，必須培養出抑制衝動和根據情況調節情緒的能力。要讓孩子告別只要哭鬧就可以滿足欲求的想法，如果面對哭鬧的孩子還是心軟的話，那就要花費更長的時間重新培養孩子的自我調節力了。

孩子到了4至5歲，認知能力就會快速發展。逐漸擺脫以自我為中心的思考方式，開始關心他人，語言能力也會有明顯的進步，可以講一些自我提示性的語言。自我提示性的語言，是指用語言表達內心的想法。如果孩子講出「我不會、媽媽幫我、我就要這樣做」等的負面自我提示語言，不僅降低自信心，變得畏手畏腳，還會做出衝動的行為。相反的，對自己持有肯定態度的孩子，會講出正面的自我提示語言「不可以、媽媽說這是不好的、必須遵守約定、我可以、我來做」。如果4歲的孩子想遵守直到媽媽回來前不可以吃零食的約定，就要提示自己必須遵守與媽媽的約定。只有這樣，孩子才能調整心態，成功執行任務。

在史丹佛大學的棉花糖實驗中，透過觀察忍住沒有吃棉花糖的孩子，可以確認到自我調節力所具有的重大意義。能夠在忍耐15分鐘後又多得到一個棉花糖的孩子們，都具備很高的自我調節力。這些成功的孩子為了不去看面前的棉花糖，會遮住自己的眼睛、看向天花板或唱歌來分散自己的注意力，甚至還有人把棉花糖想成米奇老鼠編起故事。這樣一來，想吃棉花糖的衝動就消失了。只有4歲的孩子，就已經可以利用這麼多的心理技法來發揮自我調節力，制定自己的新戰略。由此可見，要想孩子做到這一點，就要從小訓練孩子在受到外部的刺激時，如何發揮自我調節力。

以Google第16名社員入社、現任YouTube執行長的蘇珊・沃斯基（Susan Wojcicki）就是在參與史丹佛棉花糖實驗時，一直堅持到最後沒有吃棉花糖的孩子。很顯然地，蘇珊取得今日的成就絕非偶然。雖然不能說蘇珊在各方面都取得了成功，但能夠在男性為主的矽谷創下一番事業，並且照顧家庭，撫養五個孩子，想必這種能力絕不是與生俱來的。蘇珊的母親是記者出身的教師、教育運動家，養育出三個傑出的女兒，足以證明母親使用的是正確的教育方法。

美國普林斯頓大學神經科教授王聲宏（Sam Wang）與神經科學家珊卓・阿瑪特（Sandra Aamodt）的研究證實，調節衝動能力出眾的孩子，比普通孩子的批判思考能力和解決問題的能力更高，而且在學業方面，自我調節力的重要性也高出智力的兩倍。

接下來，我們來了解能夠培養出自我調節力的有效方法。希望大家不要因為擔心太難而憂心忡忡，只要在日常生活中投資10至20分鐘，就可以幫助孩子培養出自我調節力，健康地成長。

STEP 3

培養自我調節能力的最佳方法：遊戲和心理技法

健康地釋放和治癒情緒，7種自我調節力遊戲

我反覆強調的是，為了培養孩子心理和精神上的能力，父母首先要思考的方法就是遊戲。遊戲既簡單又可以獲得情緒上的滿足感，而且還可以培養出自我調節力。就算是熟悉的遊戲，但在理解其意義後，陪孩子玩時也會覺得很有意思。

遊戲之所以重要，是因為有明確的規則。孩子不會排斥玩遊戲，甚至喜歡玩重複的遊戲。透過遊戲，孩子可以獲得具體的經驗，而且在與同齡孩子的互動下，掌握多種身體的、認知的技能，感受並表達自己的情緒。因為遊戲有趣，孩子會想繼續玩、會想贏，為了達成目標發揮自己所有的能力。不僅如此，在發揮能力的同時還會學習、掌握新的能力。在遊戲的過程中，孩子會經歷失誤、失敗、挫折或想要犯規等的心理誘惑。此時需要的正是自我調節力。在遊戲的互動中，玩遊戲的人可以自然而然地發現問題、懲罰和自我反省。看到不排隊盪鞦韆的孩子，或在遊戲中犯規的孩子，其他孩子會嚴格且冷靜地指出問題。神奇的是，反抗父母指責的孩子，不僅願意接受同齡人的指責，還會虛心學習。

與此同時，我們也不能忽視遊戲的治療力量。孩子無法直接表達的負面情緒，可以透過自由選擇玩具或與他人互動釋放和消化。此外，孩子還會透過支持與接受的過程，以及在遊戲中獲得的成功經驗得到內心的治癒，這也對提高自我調節力有非常大的幫助。接下來，就讓我們來了解一下透過遊戲培養孩子自我調節力的方法吧。

自我調節力遊戲① 不許動舞蹈遊戲（Freeze Dance）

不許動舞蹈遊戲，是培養自我調節力的遊戲。音樂響起就跳舞，音樂停止就定格，孩子很容易學會，也很喜歡這個遊戲。在戶外玩這個遊戲最為理想，但如果要在家裡玩的話，可以靈活變換內容，例如變換成爬行、扭屁股或踮腳尖等。根據指示和遊戲規則，反覆停止和移動，自然而然地做到自我調節。如果孩子不遵守遊戲規則時，父母需要慢條斯理地進行講解，在孩子完成動作時要給予稱讚。只有這樣練習，才能逐漸提高孩子的自我調節力。

自我調節力遊戲② 模仿書中人物

閱讀繪本時，挑選出描寫登場人物舉止的句子。如果是故事書，可以更容易找出來。

嚇了一跳、開懷大笑、皺起眉頭、悄悄地走過來、舉起手來、大喊萬歲、流下眼淚……

讓孩子模仿這些句子，如果加上一個動作必須保持5秒鐘的話，會讓遊戲變得更有趣。這個遊戲可以非常有效地練習閱讀文章和執行的能力。

自我調節力遊戲③　點連點遊戲

在網路上搜尋「點連點遊戲」可以獲得很多資料。這個遊戲要求畫出與給出圖案相同的畫。在與座標紙相似、畫有小格子的紙上點好點，然後用線把點連接起來。讓孩子扮演主導遊戲親自出題的角色，父母畫出孩子的畫，會讓遊戲更加有趣，還可以透過打分數來培養孩子的自我調節力。在指出父母的失誤時，孩子會扮演老師的角色，所以能夠更認真和仔細地玩遊戲。這樣還可以培養出孩子對認知遊戲的興趣和專注力。

自我調節力遊戲④　圈地盤遊戲

這是一個很傳統的遊戲，但遺憾的是，知道這個遊戲的孩子已經不多了。這個遊戲需要動腦筋，思考如何用點連線，圈出更大面積的地盤。畫點連線的動作不僅有助於孩子的肌肉運動，有時還要思考互利的方法。對於有衝動傾向的孩子，這個遊戲可以很有效的引發心理訓練的作用。遊戲方法如下：

①按照適當的間隔在紙上隨機畫出數十個點。
②選擇一個圖形作為自己的標誌記號，例如：●、■、★等。
③兩個人輪流用不同顏色的色筆將點連線。
④只要能圈出三角形，就能在三角形內畫上自己的標誌記號。
⑤所有的點都連接完並畫好線時，遊戲結束。
⑥計算自己有幾個標誌記號。

自我調節力遊戲⑤　製作烤串和法式小點心

這是使用水果、軟糖或其他食材，按照事先規定好的順序製作烤串的遊戲，製作法式小點心也是如此。先製作出樣品，然後讓孩子做出指定數量的烤串或法式小點心。比如，「蘋果↓草莓↓香蕉」，「薄餅乾↓果醬↓起司↓火腿」。如果孩子想要加入其他食材的話，可以討論後重新制定順序。如果孩子隨意更改順序或加入其他食材，就要教孩子遵守遊戲規則。

「這次要按規定好的順序來製作。下次改變順序後再製作吧。」

首先制定好目標和規則，反覆練習有助於提高自我調節力。

自我調節力遊戲⑥　兩個人一起玩球

這並不是簡單的拋、接球遊戲，因為拋球時需要使用適當的力量，不能隨心所欲，特別是在兩個人互動時，自我調節力尚不成熟的孩子會用力拋球，這時就要教孩子為了讓對方接住球，應該如何調整方向和力量。這個遊戲不僅需要手眼的協調能力，還需要調節好距離、方向和力量，也需要發揮自我調節力，無論是自己還是兩個人互動，調節方向和力量就等於是調節內心。透過玩球可以刺激和提高認知上的自我調節力。

遊戲方法

- 在室內時，準備柔軟的球。

- 如果孩子太小或調節能力不足的話，就先在地上滾球。
- 逐漸縮短距離，嘗試輕輕接、拋球。
- 待孩子熟練後，再拉遠距離。
- 每次孩子接住球時，要給予稱讚和支持「球接得真好、接得好準、很會控制力量耶、準備接球的動作做得真棒。」
- 也可以用氣球代替其他球類。

自我調節力遊戲⑦　情緒遊戲

自我調節力就是調節情緒。只有了解並能表達自己的感受，才能進行調節。情緒識別卡、情緒溫度計、畫情緒等多種遊戲，都可以幫助孩子理解和表達自己的感情。

最簡單的方法是列印出表情符號，也可以在文具店購買表情貼紙，讓孩子找出與現在自己心情相符的表情。如果孩子選擇「難過」的話，就要詢問理由，然後說出核心的情緒詞彙「原來你很傷心啊」、「很委屈吧」、「很難過嗎」。最後給孩子一個溫暖的擁抱，直到孩子的情緒恢復平靜，並且安慰孩子「原來這件事讓你很生氣」、「原來你很傷心」、「你心裡一定很難受」。

製作表情板掛在客廳或孩子的房間也很有效果。4歲的孩子能夠畫出「舒服、開心、無聊、生氣、傷心」等的表情，可以讓孩子指出自己當下的心情，鼓勵孩子表達出來，也可以畫一個情緒溫度計或用自己的身體表達情緒指數。比如，讓孩子表達有多生氣或傷心，是到了肚臍？胸口？脖子還是頭頂？如果孩子知道數字1至10，也可以用數字來表達情緒的程度。

培養自我調節力的5種學習方法

如果孩子已具備自我調節力，那麼接下來就要進一步培養自我調節學習的能力。自我調節學習能力，包括自己制定學習目標、有效的學習計畫與實踐後的自我評價。其中最重要的一點是，為了達成目標，有效的管理自己的情緒、想法和行動。

美國心理學家拜瑞・利莫曼表示，具備自我調節學習能力的人，其重要特徵是**擁有動機且能夠發揮後設認知能力，有系統地採取行動。**拜瑞還強調這樣的人不會使用負面評價，而是懂得運用類似上帝視角般拉開距離引導自我客觀看待自己。他補充說明，只有這樣主動學習的人，才能具備優秀的自我調節學習能力。其中，後設認知的觀點在學習中尤為重要，因為這是對內心和行動進行自我監督和自我評價的過程，並能夠客觀地思考自己想要什麼、應該使用怎樣的方法以及可以得到什麼幫助。最後在深思熟慮後，做出最有效、最合理的決定。

4至7歲孩子的學習核心，是要讓孩子認識到學習是一件很有趣的事情。絕對不能教育孩子即使不喜歡學習、覺得學習很難、很辛苦、想玩和很睏的時候也要忍耐、堅持學習。待孩子具備自我調節力後，就會自然而然地得出結論了。請大家回顧一下，有沒有把因缺乏意志力而放棄學習的責任歸咎在孩子身上呢？與其這樣，倒不如把責任歸咎在只追求競爭的社會氛圍上。**請不要忘記，必須要讓孩子明白「學習一件有趣的事情」。**

從現在開始，就來培養孩子在學習中的自我調節力吧。對4至7歲的孩子而言，學與玩是一體的，邊玩邊學也能讓孩子帶來耀眼的成長。強中更有強中手，就讓我們的孩子成為最強的「玩家」吧。換句話說，就是讓學習、探索和研究成為孩子最有趣的遊戲。為了培養孩子的自我調節學習能力，讓我們來了解一下4歲開始，父母可以實踐的有效方法。

學習方法① 制定學習遊戲計畫

每天早上，讓孩子自主計畫當天要玩什麼遊戲，並用文字或圖畫表達出來。重要的是，不能只是嘴上說說，要用文字或圖畫表達出來。如果孩子還不會寫字，父母可以幫助孩子寫出來，再讓孩子在旁邊畫出來，即使只是這樣做，也能讓孩子自然而然地掌握遵守規則和調節衝動。如果孩子說「我要畫花」、「我要玩火車」、「我要玩娃娃，扮演媽媽」，父母就要如實地寫下來，然後幫助孩子實踐。這裡要注意的是，要原封不動地寫下孩子講的話。完成以後，再寫下日期、題目，還可以讓孩子親自拍照印出來製成孩子的作品集。這樣做非常有助於孩子培養學習能力。

學習方法② 用評價紀錄來確認是否完成計畫

幫助孩子在繪圖本或筆記本上製作計畫表格，每完成一個計畫時，畫上標記。這樣孩子也可以掌握自己的執行進度，接下來要做什麼，思考隔天要玩什麼。在遊戲結束後，拍下孩子自我評價的影片，如果一起播放來看會更有效果。

日期	計畫的遊戲	完成後畫上標記	想說的話（幫孩子寫出來）
6/1	畫畫	♥	
6/2	讀書	★	
6/3	積木		
6/4	拼圖		

學習方法③ 適當的自言自語

「我現在要開始畫畫了。我要把花塗成黃色，葉子塗成綠色。」像這樣自言自語的方法可以有效幫助孩子集中注意力，且持續很長時間做事，不會散漫。父母最好先做示範：「媽媽（爸爸）接下來要做……你呢？」這樣問孩子的時候，孩子就會講出完整的句子，進而自然地學會自言自語的方法。這時，可以利用提醒孩子的卡片，或是提前準備能夠喚起孩子記憶的東西。比如，玩火車遊戲時，準備好畫有火車的卡片。該講話的時候，準備畫有嘴的卡片。要聆聽的時候，準備畫有耳朵的卡片。如果沒有卡片，當下繪製也可以。這樣做可以讓孩子知道接下來輪到誰講話、誰來聆聽以及接下來要做什麼。當孩子分心時，父母可以透過這種方法來提醒孩子。

學習方法④　每天記錄「學習時，表現很好的3件事」

一天結束後，幫助孩子積極地回顧當天的學習和遊戲，可以強化活動和動機。詢問孩子覺得今天自己表現好的、滿意的和自豪的地方，如果孩子說不出來，父母可以舉例，然後再詢問孩子的想法。當然，孩子同意才是最重要的，之後在當天的日記裡記錄下孩子說的話。我反覆強調希望大家暫時放下對孩子進行認知教育，沒有必要用做練習題的方式讓4至7歲的孩子感受到學習的壓力。多與孩子做有助於認知教育的遊戲，讓孩子享受玩遊戲，僅重複以上四種學習方法，就可以提高孩子的學習能力，超越同齡的孩子。儘管如此，若還是想要進行認知教育的話，請參考〈Part 5　4至7歲的孩子，現在開始學習〉。

學習方法⑤　用塗色當作學習補償

這是為結束諮商的孩子準備的遊戲。孩子做完諮商後，我會列印出他們喜歡的卡通人物（卡通人物都只有黑線繪製）。在我與父母交談的十幾分鐘裡，讓等在一旁的孩子幫卡通人物塗色。起初只想玩玩具的孩子，塗了一兩次顏色後，都會主動要我列印出自己喜歡的圖案。**安靜地坐下來塗色，既可以幫助孩子恢復內心的平靜，還可以提高集中力。孩子也需要在努力做完一件事後，讓心情平靜下來。**但孩子還小，很難坐在椅子上平復心情，這時讓他們塗色很有幫助。

著色書是出自色彩療法（Color Therapy）**的心理治療方法**。塗色可以重拾心理上的安全感，也能透過自由選擇顏色提高創意性，獨立完成畫作還會產生成就感。瑞士的精神病學家卡爾．榮格（Carl Jung）還將曼陀羅圖想像為整體自我的核心，認為繪畫曼陀羅圖有助於探索內心世界。現在大家可以利用網路搜索下載到很多曼陀羅圖，有的孩子還會親自繪製曼陀羅圖，希望您的孩子也可以挑戰一下。

父母所需的7種自我調節力心理技巧

心理技巧① 示範是所有學習的開始

孩子透過父母在日常生活中的一舉一動，可以學習到很多知識。如果孩子想看半個小時的電視，父母最好陪在孩子的身邊說：

「媽媽（爸爸）也想再多看一會，但現在不能再看了。怎麼樣，媽媽做得很好吧。」

雖然想再多吃、多睡、多玩、多看，但我們在生活中都要發揮自我調節力。開車時，遵守時速和紅綠燈也屬於發揮自我調節力。每當這種時刻，父母最好向孩子說明自己調節了什麼，這樣可以達到示範的效果。

心理技巧② 整理孩子周圍的環境

遊戲機擺在眼前，要孩子忍住不要玩，這就好比是酷刑。最好把遙控器、手機和遊戲機等會妨礙孩子的東西，放在不顯眼的地方。特別是4至7歲期間，最好儘量少讓孩子接觸電視和影片等媒介。只有沉浸在當下所做的事情中，才能感受到喜悅，才能集中注意力學習。正因為這樣，為了讓孩子有更好的集中注意力學習，父母應該幫助孩子整理好周圍的環境。

心理技巧③ 利用想像力和轉換注意技法

若要在地鐵站或大賣場排隊時，最好事先告訴孩子：

「排隊可能會很累喔。如果覺得累，就想像自己是在走鋼絲，怎麼樣？」

事先告訴孩子狀況，思考對策，提出建議的話，屆時，孩子不僅不會鬧脾氣，還能在多種狀況下發揮自我調節力。學習也是一樣。如果對不喜歡數字的孩子說，大聲練習唸數字，數字國的精靈們就會變得更幸福，孩子就會開心地跟著大聲數數了。特別是在4至7歲期間，越是刺激孩子們的想像力，越是可以發揮自我調節力。

心理技巧④ 反覆說明一定要遵守的規則

比起對孩子說「不行」、「這樣做」，更重要的是簡單易懂地說明給孩子聽。「在公共場所亂跑亂跳、大喊大叫會妨礙別人的。要慢慢走，小聲講話。」透過反覆的練習，孩子可以把規則內在化。

學習也是一樣。對不願意寫作業的孩子說「你不想寫喔」，更好的說法是「是啊，的確會不想寫，但還是要寫啊。你先調整好心態，再來寫吧。」父母最好平靜地告訴孩子，就像要吃飯、休息和睡覺一樣，我們每個人都要學習。雖然學習會很辛苦，但為了人生更充實、更有意義，大家都要學習。

心理技巧⑤ 不要比較，要告訴孩子其成長的進步

不要拿孩子跟朋友或兄弟姊妹作比較，但可以把孩子過去和現在的樣子進行比較。比較孩子昨天、一個星期前，一個月前的樣子，告訴孩子今天也在成長。

「哇！比之前更厲害了耶！實力越來越好了！」

感受到自己做得越來越好，可以讓孩子獲得滿足感。有了正在進步的確信後，自然會發展出做另一件事的動機。因此父母不要只看到孩子的不足之處，最好看到孩子的進步，並且給予支持。對於那些拿自己的孩子與其他孩子比較而焦慮不安的父母，這種方法也可以幫助他們調整心態。您的孩子成長得這麼好，為什麼還要羨慕別人家的孩子呢？

心理技巧⑥　比結果更注重過程，比能力更稱讚努力

孩子玩疊積木遊戲時，因為疊不好而傷心。這時要對孩子說什麼可以讓他不放棄，繼續挑戰下去呢？只說「沒關係，做得很好」不會有任何的幫助。應該支持孩

子，稱讚他比之前疊得更高、使用了新的方法、就算失敗好幾次也還是願意挑戰的態度。這樣一來，孩子才能調節衝動和煩躁的情緒。

心理技巧⑦ 忍耐與調節是不同的

無論怎麼說「不要喊、不要哭、不要鬧」，孩子都不可能鎮定下來。有時父母嚴厲的時候，孩子可以做到忍住不哭。但遺憾的是，用這種方式只會帶來副作用：孩子在面對比自己弱小的對象時，就會拿對方出氣。因為忍耐與調節是不同的。

孩子難過時，不如讓他們盡情地哭出來，然後再來安慰他們。發洩過後，孩子才能鎮靜下來。只有學會表達自己的情緒，才能調節情緒。具備自我調節力時，遇到矛盾的狀況才不會生氣。因為可以理解對方，能夠產生共鳴和掌握狀況，以及可以做到調整心態。一直忍耐的孩子，一定會在其他事情上爆發情緒。請大家記得，只有以成熟的方法滿足情緒與欲求時，才不會執著下去，一再的忍耐只會讓情緒爆發。

再次遇到驚人的5歲孩子

5歲的孩子在唱童謠〈我們來約定〉。原本的歌詞是：

我們做朋友
好好相處
勾勾小指
我們來約定

但一個孩子這樣唱：

我們做朋友
好好相處
不要勾小指

不要來約定

這是與自律性有關的信號。離開父母身邊後，孩子有了自由自在的感覺，從這時起，孩子的自我調節力開始逐步發展。孩子改歌詞，唱得很開心，但父母卻一直想糾正孩子的錯誤，讓孩子對唱歌失去興趣。不僅如此，如果父母連瑣碎的小事也要唸個不停的話，只會讓孩子覺得倍感壓力。壓力是削弱自我調節力的強敵，我們應該幫助孩子不要在日常生活中感受到壓力，愉快地培養自我調節力。有時像這樣亂改歌詞，開心地唱歌，對情緒發展也是有幫助的。我要再次強調的是，比起教孩子識字和數字，更應該教會孩子調節情緒的能力。具備情緒調節能力的孩子不僅社交性好、抗壓能力強，而且能夠養成優秀的學習能力。

觀察具備自我調節力的5歲孩子時，會看到以下的情況：

無聊的時候，可以自己找書來看。看簡單的繪本時，還可以慢慢地讀出書中的文字。孩子也很喜歡玩數字遊戲，像是100加一個0、1000加一個0……小眼睛看向空中思考問題的樣子可愛極了。孩子也喜歡推理遊戲，尋找線索，分析嫌犯，找出兇手，懂得有邏輯地分析和解決問題。孩子天真爛漫，性格開朗，不僅社交性好，而且很有自信心，還懂得體諒他人和保護自己，做出比同齡孩子成熟的行動。面對難題和不想寫的作業時，也能調整心態，輕鬆地完成作業。

我們已經可以看到這個孩子長大後發揮學習能力的樣子，光是想像把孩子培養成具備自我調節力的孩子，就很讓人高興。希望大家一定要引導孩子這樣長大。

Part 5

4至7歲的孩子，現在開始學習

利用魔法鑰匙培養4至7歲孩子的國語學習能力

4至7歲學習國語

在教4至7歲的孩子學習國語時，重要的是不要只局限於教注音符號。國語能力應按照聽、說、讀、寫的順序逐漸發展，在具體展開認知教育以前，孩子就已經在不知不覺間學習了聽和說。在母親懷孕期間，孩子就能聽到父母講的話，之後受到情緒和語言刺激的孩子開始發聲，漸漸學會講話，逐步養成說話的能力。等到某一個時間點，孩子就會對文字產生興趣。這時，依據父母與孩子的對話方式，孩子聽和說能力也會出現差異。

教孩子注音符號和識字的方法，也會影響孩子的國語能力。前面強調的3個魔法鑰匙，在培養知識、注意力和自我調節力的階段，也可以很好的培養孩子聽和說的能力。即使不使用學習教材，只要在日常生活中充分地與孩子交流、為孩子讀書和互動就可以了。能夠聽懂大人講話、善於表達的孩子，就算結結巴巴地讀書，自己也會很開心。

4至7歲的孩子學習國語應該按照聽、說、讀、寫的順序依次進行。聽和說能力出眾的孩子，一旦對文字產生興趣後，讀的能力也會快速發展，孩子還會像畫畫一樣開心地學習寫字。**無視3個魔法鑰匙，強迫孩子學習的話，等到國中以後，孩子的成績就會下降，甚至對學習產生負面情緒。**我想很多父母心知肚明，但還是會明知故犯。在未能深刻領悟魔法鑰匙的情況下，以隨波逐流式的方法教育孩子，最後只會痛心到後悔。現場的教育者們都知道，孩子升入國中後成績下降的主要原因，來自於情緒發展和認知發展的不均衡。也就是說，孩子沒有獲得養成學習能力所需的、最重要的魔法鑰匙，缺乏正確理解的能力和自由表達感情和想法的能力。正因為這樣，我們才要在孩子4至7歲期間，正確地教孩子學習國語。

就讓我們以魔法鑰匙為基礎，幫助孩子學習國語吧。在國語的學習中，最重要的事實是，每個孩子學習注音符號的時期都不一樣。不要因為看到周圍有4至5歲的孩子已經開始學習注音符號，就開始焦慮不安而強行教育自己的孩子。請記得，就算自己的孩子比同齡的孩子稍晚一點學習注音符號，但懷著好奇心來學習比在有壓力的情況下學習，更有助於孩子培養學習能力。

有學者認為，晚點學習注音符號，反而有助於孩子發展想像力和進行創意性的思考。認識注音符號的孩子，當父母在為孩子讀繪本時，不會看圖畫而是集中在閱讀文字。但看不懂文字的孩子，可以一邊聽一邊從圖畫中找出連父母也沒有注意到的內容，還會以繪本的內容為基礎，愉快地發揮想像。請不要忘記，使用一些遊戲的方法也可以幫助孩子好好學習注音符號。請再牢記，幫助孩子發展語言能力的同時也能夠幫助孩子學習文字。以下就是幫助孩子發展語言能力的方法：

- 經常為孩子讀書，以孩子喜歡的方式進行對話。
- 否定用語會妨礙語言發展，應儘量少使用。
- 多與孩子交流，正面回應孩子講的話。

・不要使用幼兒用語，正確使用詞彙和語句。

・使用越多名詞和形容詞越好。

教孩子注音符號的3種方法

孩子對文字的認知發展如下：

①不識字階段。

②認識自己的名字和注音符號階段。

③不熟練地閱讀文章階段。

④熟練閱讀文章，但不完全理解意思階段。

⑤閱讀的同時可以理解意思階段。

⑥閱讀數學和科學等書籍，擴展知識階段。

這裡要注意的是，即使孩子可以閱讀文字，但並不理解意思。如果強迫喜歡書籍的孩子自己閱讀，反而會讓孩子遠離書籍，請大家千萬不要犯這種錯誤。接著，我們來了解學習注音符號的方法。雖然方法有許多種，但本書會介紹最具代表性的3種方法。

方法① 培養孩子對注音的興趣

雖然孩子不識字，但會問「這是什麼？那是什麼？」，還會假裝看懂自己喜歡的繪本書名；顯然，這樣的孩子對文字產生了興趣。父母可以在紙上寫下孩子的名字、媽媽和爸爸等孩子感興趣的單字和注音符號，讓孩子跟讀。還可以準備小卡片，在兩張卡片上寫下相同的單字和注音符號。比如，孩子喜歡的老虎、恐龍、獅子、螞蟻和猴子。讓孩子找出相同的兩張卡片。透過這種方法讓孩子對文字和注音符號漸漸產生興趣。

方法② DIY注音卡，學習拼讀

如果孩子對文字產生興趣，那麼接下來就要有系統的教孩子注音。但按照注音符號順序正規地教孩子，往往孩子會失去興趣。因為孩子是從聽開始學習的，所以可以多給孩子聽注音歌。當孩子漸漸熟悉了注音歌裡的注音符號後，可以準備一個筆記本從中間剪開，一邊寫聲母，一邊寫韻母，教孩子拼讀。比如上側依次寫下聲母「ㄅ、ㄆ、ㄇ……」，下側依次寫下韻母「ㄚ、ㄛ、ㄠ」。一頁一頁翻開韻母教孩子拼讀「ㄅ＋ㄚ、ㄅ＋ㄛ、ㄅ＋ㄠ……」。（如右圖）每天只練習一次也會對孩子學習注音很有幫助。

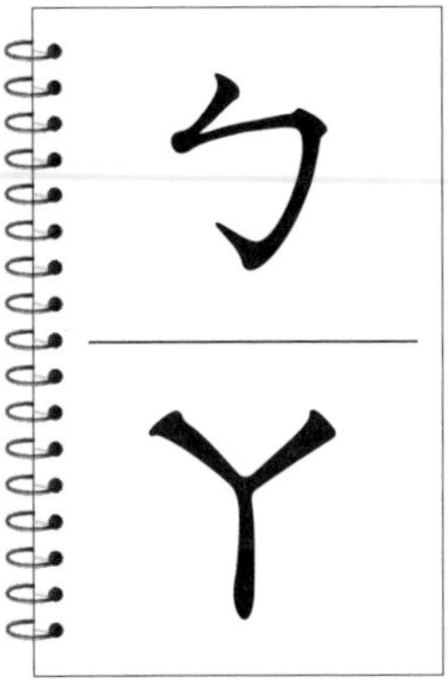

一本能有效學習「聲母＋韻母＝字母」原理的筆記本。

方法③　利用繪本掌握注音

為孩子讀繪本也可以學習注音。每個孩子對文字產生興趣的時期不同，因此不建議強迫引導孩子。稍晚學習注音，並不代表孩子的認知和學習能力有問題，所以大家不必擔心。孩子對文字產生興趣時，就利用繪本來學習注音吧。

如果想利用繪本教孩子注音的話，父母就要先知道「讀圖」的重要性。孩子在掌握注音、識字以後，就只會集中於注音和文字，因此很多時候會錯過圖畫表達的大量內容。正因為這樣，孩子不會再像從前一樣看圖發揮想像力，而是直接接收文字資訊。從這一點來看，稍晚掌握注音反而對孩子是有幫助的。因為不會局限於文字，而是探索圖畫，更自由地展開想像。孩子會在圖畫中創造自己的故事，透過想像去解釋文字沒有說明的資訊，這正是識字的大人難以收穫的益處。

雖然讀繪本對掌握注音很有幫助，但如果意圖過於明顯的話，孩子會覺得很辛苦，因為必須認識注音的負擔感，會讓孩子無法專心在故事裡。給孩子讀繪本時，最重要的是要讓孩子把注意力集中在故事上。以學習注音為目的的話，就要選擇孩子喜歡的繪本，因此選擇繪本就成了重要的第一步。

利用繪本學習注音的方法

①在字數少且字體大的繪本中，選擇孩子喜歡的繪本。

②為了提起孩子的興致，父母要有聲有色的朗讀。

③詢問孩子喜歡哪個單字。如果孩子回答不出來，父母就先示範說「媽媽（爸爸）喜歡大便」，以此引起孩子的興趣。

④翻到寫有很多「大便」的一頁提議說「我們來找找看跟這兩個字一樣的字吧？」然後和孩子慢慢地找出來。

⑤孩子找出單字時，要稱讚孩子「好棒！你找到了耶！」。如果孩子找不到的話，父母一邊說「嗯？這邊好像有相同的字吧？」一邊用手指畫圈給出提示。

⑥孩子找出單字時，給予鼓勵和稱讚，然後說「找到了，還要找嗎？」、「媽媽（爸爸）還要再找出一個！」

⑦詢問孩子還想再找出幾個單字，讓孩子主動玩找出「大便」單字的遊戲。

⑧數一數和孩子一起找出的單字數量。在本子上記下今天的日期、單字以及數量。

⑨告訴家裡其他人今天孩子找到了什麼單字，並稱讚孩子。

⑩詳細地告訴孩子哪裡做得好，付出了怎樣的努力。這樣告訴孩子幾次的話，孩子就能自己找出做得好的地方。比起父母的評價，自己做出的評價更具有動力。

「單字很難，但你還是努力找出來了。」

「你沒有不耐煩，而且看得很仔細。」

「你覺得今天哪件事做得好？哪一點做得好？」

⑪把尋找的單字做成單字卡，貼在冰箱上或是客廳顯眼的地方。隨著找出的單字增加，孩子會越來越喜歡玩找單字的遊戲。

應用遊戲

- 把孩子找到的單字做成單字卡，卡片遊戲是最好的識字遊戲。孩子開始識字後，可以選擇80%認識的字和20%不認識的字來進行識字遊戲。利用單字卡既可以玩找單字遊戲，也可以製作兩張同樣的卡片來玩記憶力遊戲。
- 孩子還很喜歡釣單字遊戲。透過遊戲，釣到越多認識的單字，越能增加自信和形成正面的自我認知。喜歡玩遊戲的孩子，可以很容易地掌握注音，自然而然地學會識字。
- 在玩遊戲的過程中，孩子會不斷想出有創意的主意。每當這個時候，按照孩子的意見進行遊戲的話，不但可以讓孩子獲得自信和成就感，還能誘導孩子學習注音和文字的動機。

在這樣的過程中，最重要的是孩子可以從與父母的互動感受到什麼樣的感情。學習必須要讓孩子覺得有趣，父母讀書和玩找單字遊戲時，也要讓孩子感受到快樂。隨著找到的單字的數量增加，孩子學習的動機也會越來越強。

利用魔法鑰匙培養4至7歲孩子的數學學習能力

4至7歲學習數學，首先要有數感

著有《一個數學家的嘆息》（A Mathematician's Lament）的美國數學家保羅．拉克哈特（Paul Lockhart）認為數學是一種非常美好且有趣味的創意性藝術，孩子們之所以疏遠和放棄數學，是因為教育方法的問題。這位數學家還指出，如果升學考試考的不是數學，而是音樂，那麼孩子們就要畫音符、背音樂理論和準備考試。這樣一來，孩子就無法好好地欣賞音樂，也會像討厭數學一樣討厭音樂。我覺得這種假設是很有可能的。

很多孩子在學習數學時，會討厭數學，甚至有一半以上的孩子會慢慢放棄數學。從4至7歲開始，未來約15年以上的時間都要學習，一開始就討厭的話是很不幸的一件事。如果不想讓孩子這樣，就要在4至7歲開始學習數學時，讓孩子感受到學習的樂趣，引導孩子想要學習到更多的東西。

如果父母覺得數學難、不喜歡數學，孩子也會繼承這種態度。7歲的孩子在做簡單的數學題時，錯了就翻看答案，這是因為父母在教孩子數學時，為了打分數而翻看答案，孩子就從父母身上學會這件事。遺憾的是，孩子做錯題時，不會想再做一遍，而是直接翻看答案。請放心，即使父母過去是放棄數學的人，也能很好的教孩子數學。如果想把孩子培養成喜歡、擅長數學的孩子，就要重新理解一下數學的概念。首先，最重要的是要讓孩子安心。無論是誰，出生時都具備了數感。我們來看一下學者們以4個月的嬰兒為對象進行的這項研究。

在一個木偶劇舞台上放一個米老鼠，然後用擋板遮住，打開擋板時測量孩子注視米奇老鼠的時間。接下來，把第二隻米老鼠放在擋板後面，再次測量孩子注視的時間。這時會發現，孩子注視娃娃的時間更長了。也就是說，孩子與生俱來擁有著能看出「1＋1＝2」的感覺。相反的情況也是如此。最初用擋板遮住兩個娃娃，然後將兩個娃娃換成兩個球，但孩子注視物品的時間並沒有發生改變。雖然物品的型態改變，但注視的時間卻沒有變化。但在拿走一個球之後，孩子注視的時間拉長了。透過這項研究，學者們發現嬰兒期的孩子，比起事物的型態和顏色，更關注的是數量的變化。雖然嬰兒不知道精確的數量，但透過與生俱來的數感可以知道數量的變化。

有兩個概念與兒童和成人學習數學有關，即透過學習掌握的精確數感和與生俱來的概數感。數感，可以理解為心中存在一把尺，當我們在看到3和4、4和8的時候，即使不計算也可以一眼看出哪一個數字更大，這就是我們與生俱來的數感，也稱之為「概數感」（approximate number system）。相反的，透過學習掌握的概念和準確的計算方法，則稱之為「精確數感」（exact number system）。

我們只認為培養精確數感是學習，所以被強迫學習數學，但這並不重要。學者們強調，如果不強化與生俱來的概數感，只使用精確數感的話，數感就會變得遲鈍，漸漸討厭數學，最後極有可能放棄數學。

數感和識別顏色一樣，都是與生俱來的能力，而且還是可以透過適當的訓練進一步提高的能力。相反的，這種能力若不持續刺激或加以訓練的話，也是會退步的。研究顯示，數感與孩子從國小到高中的數學成績有很大的關係。在不了解數感的情況下，教孩子數學是不可取的。特別是在4至7歲期間，要培養的不是孩子的精確數感而是概數感。接下來，讓我們來了解一下培養孩子數感的方法。

培養孩子數感的5種方法

方法① 數數：從具體的物品到抽象的物品

如果是初次接觸數字的孩子，就要先掌握1到10的數字形狀和念法，然後再1個、2個依序數數量，以及和具體的物品進行一比一的對照。4至7歲數學教材的主要內容，正是用線連接物體與數字。事實上，教孩子這樣的內容並不難，但接下來，應該從具體的物品慢慢替換成半具體的物品，再到抽象的物品。例如，練習2＋3的時候，可以先利用糖果教孩子，等孩子習慣計算以後，可以在紙上畫出圓圈、三角形或正方形等半具體的物品，最後再來利用抽象的物品，這樣可以逐漸培養孩子數數的能力。如果不知道這樣的順序，只是盲目地教孩子，孩子在不理解的情況下，會把數數和計算看成是很難的作業。孩子在玩玩具或吃飯的時候，也不要怕麻煩，多誘導孩子數數才能提高孩子的數感。

方法② 直算：單數和雙數遊戲、骰子遊戲

直算是指一眼便知數量的能力。人類自出生以來，就具備了即使不去數，也能看出4至5個點的能力，這就是「感覺直算」。看到六個物品時，能夠分成5＋1或3＋3，則稱為「概念直算」。如果孩子熟悉1至10的數字，那麼接下來就要訓練感覺直算。把適當的棋子分別放在手上，讓孩子猜是單數還是雙數。起初孩子會數一、二、三來分辨，但熟練以後一眼就可以看出來。骰子遊戲也有助於練習直算，最好從數點數開始，慢慢培養一眼看出點數的能力。只要是認識數字的孩子，都會喜歡這個遊戲，可以逐漸將骰子的數量增加至2個、3個，以同樣的方法提高難度。

方法③　數的比較概念：剪刀石頭布卡片遊戲

練習數的比較概念，可以幫助孩子更容易的理解計算過程。「很會算加法，但減法就很困難」、「會算乘法，但除法就不行」孩子之所以會出現這種狀況，是因為不了解數的比較概念。「哥哥有3個，弟弟有2個」、「爸爸是大人所以有5個，你是孩子所以有3個」，用這種方法比較也可以。比較是讓孩子了解4比3多1，9比10少1的過程。也可以玩剪刀石頭布抽卡片的遊戲，不僅可以培養孩子對於數字的概念，也可以透過數抽到的卡片數量進行比較，培養數的比較概念。

方法④　整數和分類：從1個數到2個數、5個數

如果孩子已熟悉數1個數，接下來可以嘗試數2個數、5個數。數10個物品的時候，可以一個接一個的數，也可以兩個接兩個的數，又或者分成5個來數。這樣練習數數，有助於培養孩子的數感，而且從感官上也可以讓孩子熟悉一定的數量可以如何分類。只說明「1＋7＝2＋6＝3＋5＝4＋4＝8」的過程會讓孩子覺得有難度，但經常教孩子練習「2、4、6、8、10」和「5、10、15、20、25、

30」的整數數法，就很容易培養孩子的數感。數數時還會像唱歌一樣產生韻律，是一個愉快的學習過程。

大部分僅以培養精確數感為目標練習計算的孩子，在玩桌遊時，可以發現數整數的能力比較弱。國小一年級的孩子就要熟悉從1數到100，而數1個數的孩子和數整數的孩子，在數感上有很大的差異。父母完全可以透過遊戲，來培養和提高孩子的數感。

方法⑤ 培養概數感和精確數感：數字棒、數直線、算盤

若想培養孩子的概數感，可以選擇10個數字棒、數直線和2×5的10格算盤。利用10格算盤上的棋子或積木來猜數字，或把10個數字棒隨意丟在桌子上來數數，也可以利用糖果來猜數字。

畫0至10的垂直線（1的間距為1公分），估算各數字位置的遊戲，對培養概數感非常有效。首先，畫出0到10的垂直線，這時若讓孩子標出7的位置，孩子會怎麼做？我們希望標記在7的位置上，但事實並不然，孩子會標在出乎意料的位置

上。這是因為孩子尚未培養出數感，這部分只要多玩遊戲就可以了。

培養精確數感也很重要。在Google搜尋「數感（Number Sense）」，會看到很多這樣的圖案。

寫一個很大的數字5，右側是5個數字棒、5個圓圈、骰子的5個點、5根手指、10格算盤的5、計數符號表示的數字5。這些都是表示數字5的方式。透過學習用多種方式標示數字，可以在培養數感的同時，培養對於精確數的概念。

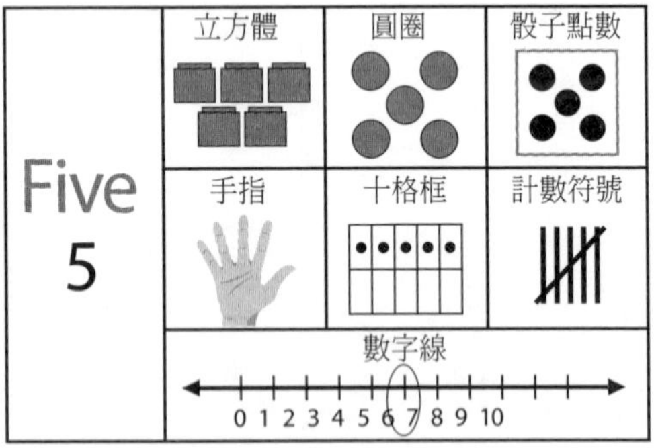

標示數字5的多種方式

請大家記得在教孩子數數時，使用各種不同的方式，不僅可以培養孩子的精確數概念，還有助於培養各種應用能力。

數學是利用直覺、數感和精確數的概念，有創意的解決問題的過程，不是說計算快，未來就能學好數學，最重要的是培養孩子的數感。數感不僅僅是數數，還是對數字的大小、數字間的關係、計算原理和十進法等的理解。請牢記4至7歲期間學習數學就是培養數感。

同時提高興趣和實力的桌遊

幼教課程指出在4至7歲時期，建議孩子掌握5個領域的數學概念：計算的基礎概念、空間和圖形的基礎概念、理解測量和規律，以及收集基礎資料和發表結果。從文字上看要掌握的範圍很廣，要學習的內容很多，感覺無從下手，也不知道應該如何選擇課本或是否應該請家教，父母面臨著如何教孩子數學的重大選擇。**為了把孩子培養成喜歡數字、數學的孩子，關鍵在於如何選擇方法和與孩子互動。**如果好奇孩子的數學水準時，可以偶爾做一兩頁練習題，也可以親自出5道題讓孩子做，這樣就足夠了。父母把親自出的問題整理出來，就是一本練習本了。

讓4至7歲的孩子喜歡上數學的最好的方法就是桌遊。美國精神科醫師艾文・

羅森福（Alvin Rosenfeld）**強調，玩桌遊對孩子認知數字和型態、整體與分類、識別文字和閱讀、視覺和肌肉發育等都有很大的幫助。**艾文明確指出，桌遊是父母和孩子一起共度愉快時間的最簡單、最棒的方法，同時也是提高學習能力的方法。美國馬里蘭大學的人類學教授吉塔．拉瑪尼（Geetha Ramani）在研究報告中指出，以學前兒童為對象進行的爬梯遊戲，大大提高孩子對比較數字、推測、計算和識別數字的能力。最終可以看出，桌遊的經驗，對孩子的數感和學習數學知識有很大的幫助。

不僅如此，玩桌遊的孩子還可以學到遵守順序、遊戲規則和與他人互動的社交技巧。在因新冠疫情而改變的育兒環境中，最好的教育工具是桌遊。有位從未接受過課後輔導的孩子考上了知名大學，在面對如何學習數學的提問時，孩子回答說是從小透過玩桌遊學習了數學。這不是不可能的事情。所以請記得，我們也可以透過玩桌遊把孩子培養成數學天才。

培養4至7歲孩子數學學習能力的桌遊

・爬梯遊戲Ladder Game

這是以蛇梯棋為代表的線型桌遊，可以培養孩子對數字排列和垂直線的概念。按照骰子的數字前進，有時會領先於對方，但也會遇到對方逆轉局勢的情況。在遊戲的過程中，孩子會感受到傷心和想放棄等的複雜感情，如果鼓起勇氣玩下去的話，還能提高孩子的自我調節力。爬梯遊戲有很多種，可以和孩子從中任選一種。

・德國心臟病Halli Galli Deluxe

按順序依次翻開自己手中的牌，只要看到五個一樣的水果出現時，就按鈴贏牌。這個遊戲有助於提高視覺注意力、整數和分數的概念，以及計算基礎加減法的能力。快速看出五個水果後，迅速按鈴，還可以大大提高反應能力。這個遊戲帶來的心理緊張感，還可以訓練孩子的集中力。

• 戒指心臟病Halli Galli Ringlding

翻開一張牌，按照圖片所示把相應顏色的環套在手指上。先完成圖片所示顏色的人可以按鈴贏牌，其他人確認按鈴的人套環的顏色和方式是否正確。這個遊戲對識別顏色和圖案很有幫助，而且動作要快，因此也有助於培養反應能力和肌肉發育。

• 拔毛運動會Chicken Cha Cha

先選好自己的雞，然後把雞毛插在洞裡，接下來將擺在中央的牌依次翻開，翻開的牌與自己的牌圖案相同，就可以前進一步。追趕上別人的雞時，可拔下對方的雞毛插在自己的雞身上，拔完所有玩家的雞毛者獲勝。這是一個考驗孩子記憶力的遊戲，需要記住圖片和位置，而且因圖片的顏色相似，所以要記住圖片的特徵。拔毛運動會，是對提高記憶力非常有幫助的遊戲。

・棋盤遊戲（Facto Eye出品）

遊戲會使用圓圈、三角形、正方形等畫有眼睛的小卡片。將12張卡片放在遊戲板上，利用兩個骰子，投擲的骰子出現與卡片相同的圖案時，可用小錘子贏取卡片。因為必須滿足符合相同形狀、顏色和眼睛的個數，所以遊戲可以培養孩子識別圖案、顏色以及提高視覺辨別力。如果孩子能用語言表達出黃色三角形、虛線的邊框和兩個顏色等的特徵，就可以綜合培養出數感、瞬間判斷力和語言能力。

利用魔法鑰匙培養4至7歲孩子的英語學習能力

4至7歲學習英語，讓孩子充分感受到樂趣

如果不請家教、不為難孩子、能讓孩子愉快地學習英語的話，那我完全贊成教4至7歲的孩子學習英語。讓我們來了解一下孩子既可以不承受學習、寫作業的壓力，又可以愉快地學習英語的方法吧。

市面上有各式各樣教4至7歲孩子學習英語的教材，但比起選擇哪種教材，最好思考一下用什麼方法教孩子。英語也是語言，所以和國語一樣，最好也要按照聽、說、讀和寫的順序一步步發展。只有聽得懂才能講出來，之後便能輕鬆地學習讀和寫。過去父母一代人學英語，只接受強調讀和寫的教育，結果學了十二年還是一句流暢的英語也講不出口，所以絕不能用這種方法來教我們的孩子。首先，來思考一下如何讓孩子打開耳朵吧。我們可以在日常生活中使用英語，為孩子讀英語繪本，還可以使用各種幫助4至7歲孩子提高聽力的教材。近期，還有許多可以透過視訊與外國人對話的學習方法。

另外也有不用花錢也可以學習聽和說的方法，大致分為三種。第一種，用英語對孩子講簡單的生活用語，例如吃飯、洗臉、一起玩、讀書等。父母先說一遍中文，然後講英語。這樣重複幾次的話，孩子不僅可以聽懂，還會跟著講出來。第二種，唱英文歌，從ABC歌開始，經常給孩子聽英語童謠，一起唱歌。如果同時學唱中文版的話，可以很容易理解意思，無需另外翻譯。第三種，給孩子讀英語繪本。閱讀繪本的同時，也可以使用聽力教材。接下來，讓我們更具體地了解這些方法。

勝過英語幼稚園的簡單日常對話

從早上起床到晚上睡覺，其實父母對孩子講的話並沒有想像中那麼多，可以嘗試在經常講的話中選擇10句左右，用英語與孩子進行對話。想必身為父母的大家從國中到高中至少學了6至12年的英語，這足以進行簡單的日常對話。

其實，早上叫醒孩子、讓孩子去洗臉、送孩子去幼稚園、接孩子回家、吃零食和玩遊戲時講的話都很簡單，只要嘗試從中選擇10句，用英語與孩子對話就可以了。同樣的內容最好反覆講2至3週，這樣可以一直讓孩子處在講英語的環境中。如果孩子很快可以聽懂且能跟著講出來的話，可以漸漸加入新的句子。說不定，這樣一來可以獲得和上英語幼稚園一樣的效果。在這個過程中，要注意的並不是父母的發音。很多父母之所以選擇英語教材、依賴點讀筆，是因為對自己的發音沒有信心。但就算英語講得不流暢，發音不好也沒有關係，甚至有學者強調，沒有必要為此感到害羞。

孩子更喜歡聽父母講話和讀書。即使父母的英語發音不好，孩子也會透過外國人的錄音教材自行更正發音，甚至還會糾正父母的發音，這都是很自然且可取的過程。孩子不是在學習父母的發音，而是在學習父母講話和閱讀的態度。如果不想讓孩子看到畏首畏尾的樣子，聽到沒有自信的發音，就大膽地使用英語吧。最近市面上可以看到越來越多教4至7歲孩子學習英語的教材和影片，上網搜尋就可以輕鬆找到資料。就算會覺得害羞、尷尬，也希望大家努力克服這一點，充滿自信地陪孩子唱歌，與孩子對話，一定可以獲得超出期待的效果。

- 該起床了。Time to wake up.
- 睡得好嗎？You sleep well?
- 親親。Give me a kiss.
- 去刷牙。Brush your teeth.
- 去洗臉。Wash your face.
- 把袖子捲起來。Roll up your sleeves.
- 用香皂洗。Wash with the soap.
- 把水關掉。Turn off the water.
- 穿衣服吧。Let's get dressed.

- 吃一口。Take a bite.
- 喝一口。Take a sip.
- 回答「是」。Say "Yes".
- 說謝謝。Say thank you.
- 上學開心嗎？學校怎麼樣？Did you have fun at school? How was school today?
- 想吃零食嗎？Do you want some snacks?
- 想喝水嗎？Do you want some water?
- 該整理一下了。It's time to clean up.
- 不要再做了，好不好？It's time to stop now, it is?
- 我們來聽幾首英語歌吧？Shall we listen to some English songs?
- 我們來玩醫院遊戲吧？Shall we play the hospital game?
- 我們來玩家家酒？Shall we play house?
- 試試看。Have a try.

- 你看這個。Have a look at this.
- 我們來塗色吧。Let's color.
- 我們一起唱歌吧Let's sing together.
- 我們來捏黏土吧。Let's play with clay.
- 媽媽（爸爸）說了，不可以這樣。I told you, don't do that.
- 不要這樣講。Don't say that.
- 不要碰那個，好嗎？Don't touch that. Okay?
- 你的手很髒，去洗手。Your hands are dirty. Go wash your hands.
- 晚餐準備好了。Dinner is ready.
- 我們去洗澡吧。Let's take a shower.
- 該睡覺了。It's time to sleep.

英語童謠是最有趣的學習方法

英語童謠可以幫助孩子輕鬆學習和背誦英語歌詞。《冰雪奇緣》盛行一時的時候，孩子們都會跟著唱「Let it go」，很多孩子還會唱英文版的鯊魚寶寶。孩子們都具備一種才能，即使看不懂英語，但可以用耳朵聽，之後記下歌詞跟著流暢地唱歌。因為孩子覺得唱歌有趣，所以可以很容易跟唱，而且為了唱好一首歌會反覆地聽歌。如果是認識字母的孩子，還可以在充分熟悉聲音後，透過看歌詞跟唱的過程來提高閱讀能力。英語童謠最大的優點是，可以毫無壓力地邊玩邊學習英語。

一邊唱歌，一遍運用身體和手勢，效果會更好。對孩子而言，身體具備很強的記憶力。可以根據一首歌，幫孩子設計一套獨特的舞蹈動作。每當唱起那首歌時，孩子透過跳舞或手勢可以更容易地記住歌詞。用中文和英文依次唱童謠「小星星」，孩子可以跟隨律動更容易地理解意思。YouTube有很多英語童謠，大家可以搜尋並好好利用。

4至7歲孩子的父母所扮演的最重要角色，是讓孩子愉快地學習，唱英語童謠，是英語不好的父母教孩子英語最好的方法。只要學會10首左右的童謠，孩子就會產生動力自發地用英語唱歌。即使沒有請家教或送補習班，也可以讓孩子喜歡學習英語，希望大家都可以體驗到這份神奇和欣慰。

在培養孩子的閱讀能力以前，要為孩子多讀英語繪本

給孩子讀英語繪本的方式和讀中文繪本一樣，但是如果孩子完全不懂英語詞彙的話，很難產生興趣，所以在讀英語繪本前需要做一些活動。代表性的活動主要有可以回憶一下相關主題的內容，與孩子交流或告訴孩子一些主題相關的知識，還可以根據主題和封面推測內容，提前告訴孩子主要詞彙。如果有與故事相關的影片，也可以先給孩子看一下。這裡反覆強調的重點是，事前的準備活動對讀英語繪本的重要性，以小學生為對象的研究顯示，對於初學英語的孩子，事前的準備活動更具效果。

在4至7歲孩子的英語教育中有一個很重要的概念，就是母語與英語的關係。

過去曾把母語視為學習新語言的因素，但最近的研究指出，學習英語可以輔助強化母語的溝通技巧，母語與英語的相互作用，對學習英語產生正面的影響。**先用母語再用英語讀繪本，比先用英語再用母語更能讓孩子記住內容。**

探索繪本封面可以視為事前活動的基礎。幼教課程也提到，探索繪本封面適用於4至7歲的孩子，既可以提高孩子的閱讀水準也有助於學習。因為繪本的封面暗示內容和主題，是可以激發孩子好奇心和反應的基礎資料。為孩子介紹書名、作者、插畫家和出版社等內容，一起推測內容，透過提問進行交流，孩子可以做出豐富的想像。

「哇！真的？很有可能這樣耶。我們現在來讀一下這本書吧？」

多項研究也強調，探索封面這項事前活動，對4至7歲孩子的英語閱讀態度、興趣以及語言表達能力等方面有正面的影響。

閱讀時，詞彙是很重要的。只有知道詞彙才能理解內容，如果有很多不認識的詞彙，就會失去閱讀的動力。學者們表示，根據不認識的詞彙推測內容，無論推測的是否正確，都無法學習到詞彙的涵義，因此提前告訴孩子詞彙和掌握意思的過程十分重要。特別是對於初學英語的孩子，讀繪本前的詞彙指導有很大的幫助。

為孩子選擇和介紹詞彙的方法如下：選擇能夠傳達故事內容的詞彙、反覆出現兩次的詞彙、可以看圖進行講解的詞彙，也可以選擇孩子知道的詞彙。這時最重要的是孩子積極的態度，如果不知道的詞彙太多或太難，孩子會拒絕看書，所以閱讀繪本時，就算有未能充分說明的詞彙，也請先跳過去。等到之後，再把選擇的詞彙製作成單字卡，進一步地教孩子讀和說明。如果有圖卡最好，但沒有也沒有關係，只要把單字寫出來進行說明後，反覆讓孩子跟讀幾遍就可以了。

繪本會有很多擬聲詞和擬態語。因為有韻律，所以可以像唱歌一樣讀；因為文字不多，可以毫無負擔地讀給孩子聽。先給孩子讀中文的譯本，再看著封面提問、預測，介紹反覆出現的詞彙後再來讀英語版本。以下介紹幾本繪本，很適合初次接觸英語的孩子，可以快速提升孩子的英語語感。

- 《我們要去捉狗熊》（We're Going on a Bear Hunt）
- 《小毛，不可以》（No David!）
- 《月亮晚安》（Goodnight Moon）
- 《Titch》
- 《廚房之夜》（In the Night Kitchen）

打造孩子終身學習能力基礎，4至7歲的身體遊戲

如果想把孩子培養成努力學習、優秀的孩子，最後一定要記住一件非常重要的事，那就是身體活動對孩子的注意力、自我調節力與學習效果的影響。美國佛蒙特大學心理學系教授貝西・霍薩（Betsy Hoza）的研究小組以8至10歲ADHD兒童為對象，研究了運動、ADHD與注意力的關係。結果顯示，每天早上上課前做有氧運動的孩子比不做運動的孩子更能集中注意力。不僅如此，還能提高控制情緒的能力、數感和閱讀能力。

英國斯特靈大學的研究小組，以5,463名平均年齡9歲的學生為對象進行研究，分別讓學生在跑完15分鐘步和做完其他運動20分鐘後使用電腦，結果發現學生的注意力都有大幅度的提高。這項研究表明，運動的學生比不運動的學生更能提高注意力和集中力。此外，還有一項研究比較了閱讀20分鐘的孩子和在跑步機上跑20分鐘步的孩子，結果顯示，在注意力、閱讀能力、數學能力與腦波測試等方面，有做運動的孩子分數更高。

國內的研究也證實，越是擅長運動、積極參與活動的孩子，越是具備很高的自我調節力，而且越是喜歡散步的孩子，衝動性也越低。也就是說，對於成長中的孩子，身體活動不僅關係到健康，還直接關係到自我調節力、注意力與認知能力。我們應該關注的是，只坐在書桌前學習，並不代表能夠提高注意力和學習能力，身體的運動才更有助於提高注意力和學習能力。

一九五〇年代的加拿大神經外科醫生懷爾德．潘菲德（Wilder Penfield）將大腦神經換算成身體部位的面積，對應大腦中負責各部位運動與感官功能的區域大小，繪製「皮質小人（Homunculus of Penfield）」，Homunculus在拉丁語中意為「小人」。從皮質小人的比例可知人類的手連接的神經細胞絕對大於嘴、舌頭、耳朵、鼻子和眼睛等部位。我們會看到孩子抓起東西放入嘴中，對聲音做出敏感的反應，不停眨著小眼睛東看西看，這些舉動證明了手是連接最多神經細胞的部位，手的活動會對刺激大腦產生極大的影響，而嘴巴、眼睛、鼻子和耳朵等刺激五感的活動，也對孩子的大腦發育極為重要。

皮質小人（Homunculus of enfield）學者們的這些研究告訴我們一個非常重要的事實：刺激視覺、聽覺、嗅覺、觸覺、味覺以及運動神經的活動，即使是在孩子長大成人以後，也會為孩子的人生製造更多的機會。手對大腦神經發育的影響越大，越是製造多種刺激，越有助於認知、情緒和語言的發展。因此為了孩子的身心健康和具備學習能力，身體活動不是選擇，而是必須要做的事。

皮質小人

雖然因為新冠疫情讓戶外活動變得很困難，但4至7歲孩子的父母還是應該機智地為孩子們安排一些身體活動。在保持安全的社交距離的同時，為孩子們尋找每天可以進行1至2個小時活動的空間和時間。希望大家多多利用冷門時間的遊戲區、散步路和公園，抽出時間多陪孩子進行利用身體的遊戲。

4至7歲是孩子肌肉發育的關鍵時期，約60％的敏感性、協調力和均衡感會在這段時期形成，因此應該像每天吃飯一樣，充分地讓孩子走路、跑步、玩球和玩遊戲。父母要為孩子營造可以活動的環境，如搬運東西、搭各種遊樂設施、伴隨音樂跳舞、上下樓梯、家家酒、給樹澆水等各種不同的活動。除此之外，各種運用手指的遊戲，也對孩子的發育和培養學習能力非常有幫助，像是摺紙、剪紙、畫畫、塗色、塗膠水、寫字、用筷子和湯匙、捏黏土和積木等遊戲。請記住這些活動對視覺、聽覺與動作協調能力所產生的正面影響，與讓孩子獲得敏捷處理事情的能力。

孩子就要開始學習了，希望大家記住，機智的學習生活並不是一條艱苦的道路。就讓我們疼愛的孩子在盡情地玩耍、奔跑和集中注意力的過程中，學習、領悟更多的知識吧！

願大家成為能夠機智地幫助孩子茁壯成長的父母。

國家圖書館出版品預行編目(CIP)資料

高 EQ 小學霸的卓越學習法：啟蒙 4~7 歲孩子黃金成長期的 75 種實踐法／李林淑著. -- 初版. -- 新北市：大樹林出版社, 2023.06
面； 公分. --（育兒經；9）
譯自：4~7 세 보다 중요한 시기는 없습니다
ISBN 978-626-97115-5-0（平裝）

1.CST: 育兒 2.CST: 親職教育 3.CST: 學習方法

428.8 112007566

育兒經 09

高EQ小學霸的卓越學習法
：啟蒙4～7歲孩子黃金成長期的75種實踐法
4~7 세 보다 중요한 시기는 없습니다

作　　者／李林淑（이임숙）
總 編 輯／彭文富
主　　編／黃懿慧
內文排版／菩薩蠻數位文化有限公司
封面設計／木木 LIN
校　　對／賴妤榛、楊心怡
出 版 者／大樹林出版社
營業地址／23357 新北市中和區中山路 2 段 530 號 6 樓之 1
通訊地址／23586 新北市中和區中正路 872 號 6 樓之 2
電　　話／(02) 2222-7270　　傳　　真／(02) 2222-1270
官　　網／www.gwclass.com
E-mail／notime.chung@msa.hinet.net
Facebook／www.facebook.com/bigtreebook
IG 粉專團／@bigtree0621
發 行 人／彭文富
劃撥帳號／18746459　戶名／大樹林出版社
總 經 銷／知遠文化事業有限公司
地　　址／222 深坑區北深路三段 155 巷 25 號 5 樓
電　　話／02-2664-8800　　傳　　真／02-2664-8801
初　　版／2023年06月

定價　台幣／420元　港幣／140元　ISBN／978-626-97115-5-0

回函抽獎

掃描 Qrcode，填妥線上回函完整資料，

即可索取本書贈品「養成高 EQ 小學霸！學習單」。

活動日期：即日起至 2027 年 01 月 30 日

寄送日期：填寫線上回函，送出 google 表單後，

在下一頁即可看到遊戲單的下載連結。

★ 追蹤大樹林臉書，搜尋：@ bigtreebook，獲得優質好文與新書書訊。

★ 加入大樹林 LINE 群組，獲得優惠訊息與即時客服。

贈品介紹

「養成高 EQ 小學霸！學習單」，參考本書《高 EQ 小學霸的卓越學習法》內容設計的卡片學習單，讓家長可以列印出來，和孩子在家一起輕鬆遊戲學習。

學習單內含

「抽卡片遊戲」參考本書 P.294〈剪刀石頭布卡片遊戲〉使用。

「學習時，表現好的 3 件事」參考本書 P.267〈每天記錄「學習時，表現很好的 3 件事」〉。

「著色卡」參考本書 P.268〈用塗色當作學習補償〉。